# 東京都葛飾区「水元の蝶」

## 目次

はじめに ..................................2

都立水元公園は ..................................4

### 『水元の蝶の記録』
葛飾区内にいる主な昆虫（1969）..................8
水元・小合溜井の自然調査（1974）...............10
水元の蝶・個体数調査（1981）...................12
水元の蝶は今（2004）..........................14

### 『水元の蝶たち』
アゲハチョウ科 ..................................20
シロチョウ科 ..................................36
タテハチョウ科 ..................................46
シジミチョウ科 ..................................66
ジャノメチョウ科 ..................................86
セセリチョウ科 ..................................94
テングチョウ科 ..................................108
マダラチョウ科 ..................................110

### 『水元の蝶・雑感』
蝶たちの食べ物・公園樹木 ..................117
蝶と蛾 ..................................120
水元のゼフィルス ..................................121
「虫の森」だった森 ..................................122
水元の珍しい蝶たち ..................................123
「少年の日の思い出」の蝶たち ..................125
「新種フクズミコスカシバ」発見の記 ............126
「水元の蝶」異常型 ..................................128

### 参考資料
都道府県区市町村蝶類誌・昆虫誌 ..................130

あとがき ..................................134

はじめに

　我が家が葛飾に移り住んだのは戦後のことでした。昭和19年、上野黒門町（湯島天神と上野広小路の間）に生まれ、20年3月10日の東京大空襲でその火の手をくぐりぬけ、当時一才の私は母に背負われて葛飾にやってきたそうです。ですから東京の東のはずれ、一面田圃の風景が私の故郷の記憶です。虫に興味を持ち始めたのは小学校低学年の頃だったでしょうか。100坪ほどの家で母は野菜や草花をよく育てていました。そしてそこには虫たちも毎日のようにやってきて、大型のアゲハ類やタテハの仲間の姿を見ると、捕虫網を片手に裸足で飛び出したものでした。当時は遠い西の果てにも思えた井の頭公園にもよく連れていってもらい、葛飾とは一味ちがう虫たちとの接触がありました。昭和30年前後のことです。

　昭和39年の東京オリンピックを境に日本は大きく変わっていったように思われます。虫の住める環境がだんだん少なくなっていき、いつしか虫たちとのつながりも薄れていた頃大学時代全国を一人旅で回り、山を歩いたりしているうちに、また自然への関心、虫たちへの興味もよみがえってきました。卒業後、教職に就いた私は東京でも比較的緑・水辺の多い水元に住居を構え、たまたま転勤した都立水元公園近くの中学校で「昆虫クラブ」をスタートし、地元をフィールドとする活動のきっかけとなりました。もちろん国内をはじめ海外にもその関心は広がっていったわけですが、平成4年（1992）の冬の出来事が私の人生を大きく変えることになりました。

　丹沢山地での越冬昆虫調査の時、急斜面を滑落し、頚の骨を傷めるという事故に遭い、以後、首から下の自由を奪われることになったのです。車いすの生活ではもはや今までのような活動は不可能となりましたが、それでも虫への興味が失せることはなく、いや、それどころか虫たちとのつながりが生きる励みとなっていることに気がつきました。しかしこれから彼らとどのような関わり方ができるのでしょうか。

　車いすで活動できる範囲、観察できる虫にも限りがあります。結局は地元の水元公園という場所を選び、目だけで追うことのできる蝶の観察に落ち着くことになりました。実はこれが私を自然観察の原点にもどしてくれることになったとも言えます。一般の昆虫愛好家にとっては振り向かれることもないであろう大都会の片隅の公園。そのささやかな緑と虫たちを見続けることもそれなりの意味を持つであろうという気持ちに至ったのです。

　2年間の入院生活の後、ひまにまかせて水元公園の蝶たちをふりかえりながら雑文を書きためてきました。これらは地元の自然観察クラブの会報にも寄せていましたから、会員への呼びかけ調の文面となり（「です」「ます」調の文は一般的に読みにくく感じられ）一般の解説書や図鑑とは内容・目的を異にしていますが、今までに記録のあるほとんどの蝶にふれてきた今、ひとつにまとめることとしました。

　車いすから、しかも動かない手で写真を撮ることは非常に困難であり、元気な頃の千に一回のシャッターチャンスではすべての写真をカバーすることはできず、一部昔の写真も利用し、友人の応援も得ました。

　記録は散発的であったり、かたよりがあったり、また文面は現在に対応しない部分もあるかもしれませんが、読んで頂く方に少しでも地域の虫、自然に関心を持っていただくことになればうれしいことです。

2004年（平成16年）12月20日<br>
森本峻

身近な自然に目を向けること

　文明・科学が日々発展し、物質的に豊かになっていく一方で失われていくものも多くあります。その最たるものは「人の心」でしょうか。今、子供たちに一番求められるものです。それは「失われゆく自然」とは決して無関係ではありません。生き物である人間が自分も自然の一部であるということを忘れていく中で、生命の不思議さ、偉大さ、大切さ、そして優しさも忘れていっているのではないでしょうか。自然に触れること、それはまさに人間らしさを取り戻す絶好の機会と考えられます。しかし私たちの周りではその機会があまりにも減少してしまったという悲しい現実があります。幸いにもわが葛飾区には水元公園という都内でも3番目の広さと言われる広大な都立公園があり、少しでも残されている自然に触れる機会を与えられています。都会の公園の宿命として、それは人工的部分が大方であるのは仕方ありません。しかしそれを土台にわずかな自然を保護・維持し、さらには拡大して後世に残していこうとする気持ちを今の子供たちに育てていくことは、私たち大人の責任でもありましょう。

　さて自然を意識するためには、もちろん緑の中を歩くだけでもいいでしょう。しかしそれだけでは単なる行楽に終ってしまうかもしれません。もっと自然を意識するためにはそこに生息する生き物たちの存在を意識することです。特に動物、さらには小さな昆虫たちの存在を意識することです。地球上の動物のほとんどを占める昆虫が住めないような緑は人間にとっても決して良い環境とは言えないからです。昆虫の中でもひとつの視点として鱗翅類の蝶に注目してみます。それは多くの人たちの目に触れやすいものであり、四季の変化の中で発生の消長がつかみやすく、また自然環境の変化に影響されやすいという、観察のポイントがわかりやすい点にあります。

　水元公園の成り立ちについては葛飾区「郷土と天文の博物館」発行の「水元の自然」に詳しく紹介され、私自身も「水元の珍しい蝶たち」という一文を載せています。水元公園を含めた葛飾区の蝶の資料としては昭和42年（1967年）に区教育研究所でまとめた「葛飾区の主な昆虫」に他の昆虫類とともに紹介されていますがまさに「主な」ということで蝶も数種類について記述があるのみで、実態はつかめません。昭和50年（1975年）から56年（1981年）にかけては当時勤務していた地元の中学校で昆虫クラブの生徒たちとともに8科38種の蝶の生息を確認するにいたりました。隔年で調査報告書「都立水元公園のチョウ」を作成しその一部は「葛飾区史」にも転載されています。

　その後、自治体、自然愛好の団体や個人の調査も進み、また水元公園の開発も一段落という状態もあってか、多くの新しい情報・記録が得られるようになりました。今年までに古い記録も含めると実に8科55種の蝶が観察されたことになります。これら55種の中には一部記録があいまいなものもありますが、情報として一応整理の一部に入れることにしました。

都立水元公園は

葛飾区は東京都の東の端、江戸川、中川、荒川の下流にできた沖積低地にあり、川の水が運んできた土砂が堆積してできた平らな土地です。その北部、埼玉県との境に位置するのが都立水元公園で、江戸川と中川にはさまれた溜池と神社（日枝神社、浅間神社、熊野神社、香取神社）を中心として発展した森を含む広大な公園（75万平方メートル、小金井公園、葛西臨海公園に次いで3番目）です。水郷景観をなす水辺・小合溜井は「利根川治水史」によれば「もと古利根川が猿ヶ又で東流、江戸川に注いでいた時の東流の河跡である」となっています。江戸時代（享保14年：1729年）に江戸川と古利根川と締め切られ溜池（全長約3.5km、幅100m）として利用されるようになったと言われています。

現在公園には19,000本の高木と61,900株の低木があるとされ、春の桜、梅雨時の花菖蒲の頃は多くの行楽客でにぎわいます。またメタセコイアの林（公園中央昭和記念広場に隣接）や都内唯一のフジバカマの自生地（さくら堤）など貴重な自然も見られます。

公園北部は以前は山王台公園とも呼ばれ、現在の植生保護区には日枝神社があり（東水元に移転）、江戸時代から残る松林では夏祭でにぎわったものでした。中央「芝生の山」も近在農家の畑地で、昭和40年に都立公園となってから、公園大改造の一環として今の姿になったものです。北部の苗圃では都内の公園樹木、街路樹を育成する役割を担っています。その他特徴的な場としては野鳥保護区があります。植生保護区と同じく金網で囲い人の手を入れない地域をつくっていますが、そのためにかえって内部は荒れてきているという現実があり、自然保護、都会の公園の在り方が問われるところでしょう。

昨年3月閉鎖された「都立水元青年の家」から南部は菖蒲田を中心に行楽客が多く訪れるところとなりましたが、特に影響を受けているのが旧都立水産試験場で、残されてきた自然景観を一部駐車場に改造するなどという残念な事態も起きています。しかし公園全体としては大方の変化も安定化に向かい、都民が自然とふれあう場として大きな期待が寄せられている現在です。

□東京都葛飾区：○水元公園

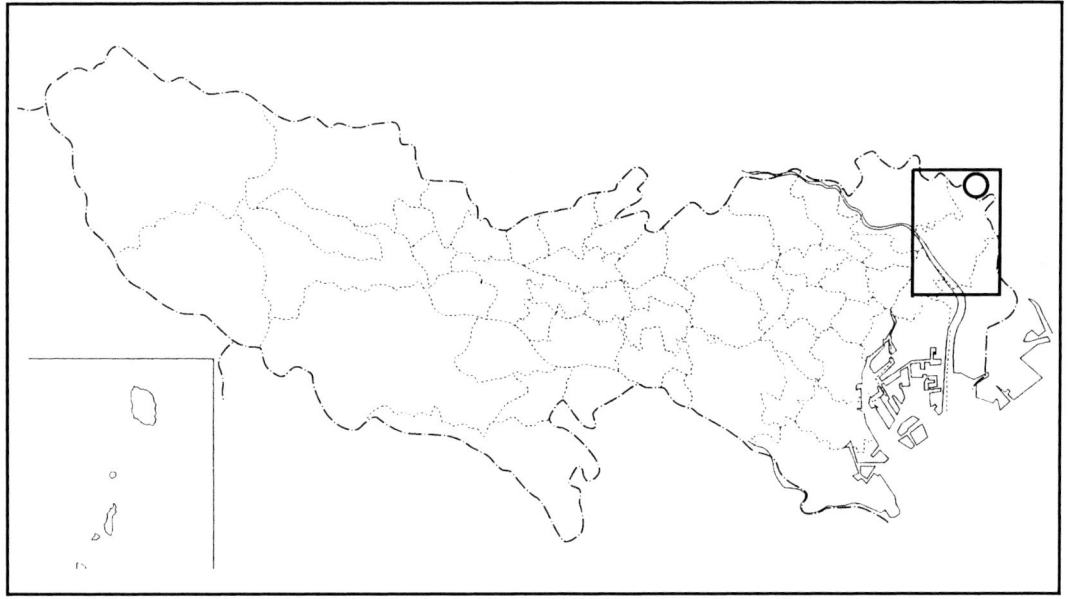

○都立水元公園は豊かな「水と緑」にあふれ、そして野鳥、虫たちの住処となっている

△昔は「都立江戸川水郷自然公園」と呼ばれていたようだ。今この石柱は野鳥保護区の草むらに埋もれ、誰も見ることはできない。

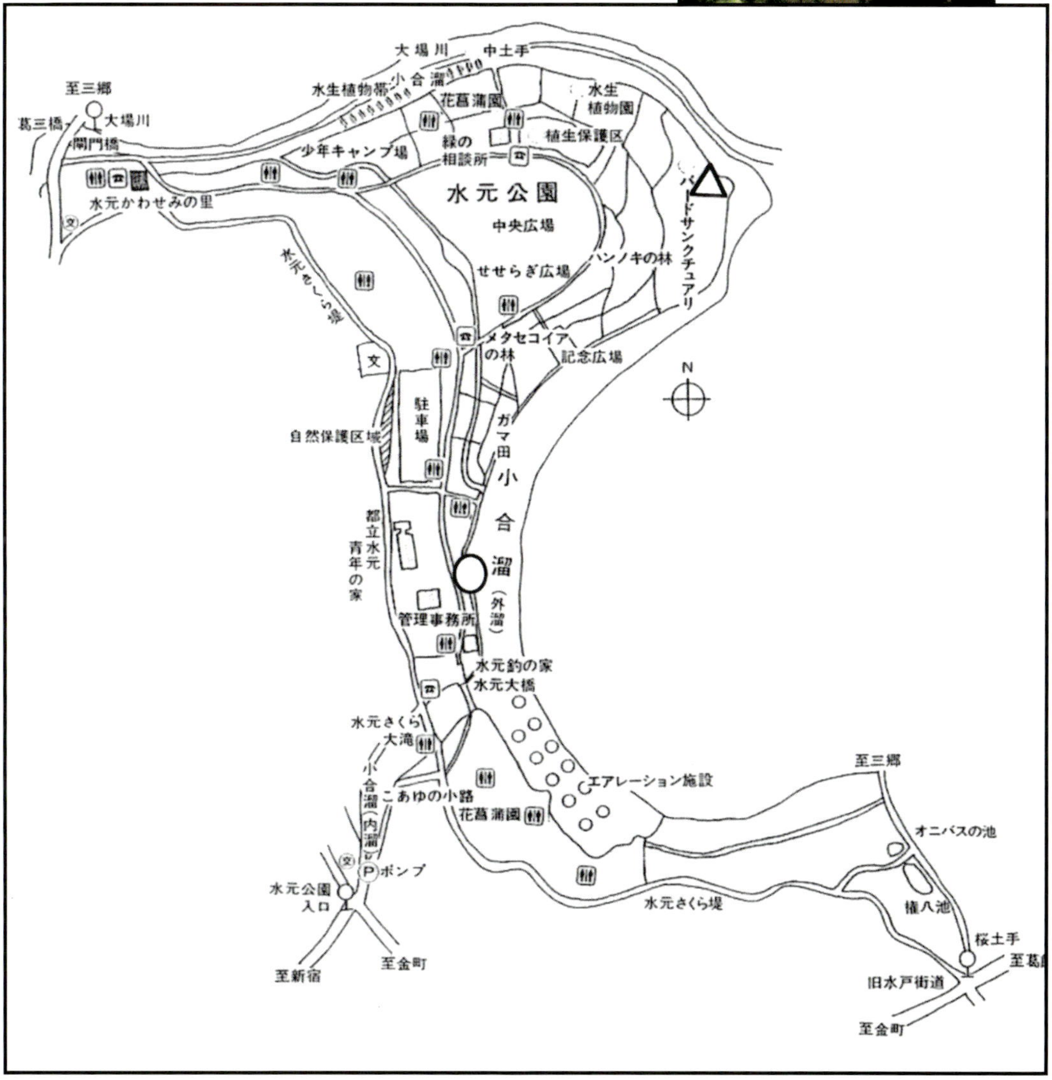

『水元の蝶の記録』

「水元・小合溜井の自然と
　その保護に関する調査」の古い記録
（都立両国高校生物研究室：1974年）より

　両国高校生物調査グループが水元の生物調査をまとめたのは教育研究所の「葛飾区内の主な昆虫」（1969年）のちょうど5年後になります。都立水元公園の急速な整備にあたり、日本自然保護協会からの依頼により調査を1973年5月から1年間実施し、上記の表題としてまとめたものです。
　内容は
　　[1]動物相（哺乳類、鳥類、爬虫類・両生
　　　類、魚類、昆虫類、その他）
　　[2]プランクトン
　　[3]植物相
　　[4]調査結果からみた自然公園計画に関す
　　　る提言
と、期間的・人員的にも不十分なため生物調査のすべてが網羅されたものではありませんが、古い記録のほとんどない葛飾・水元を知る上で貴重な資料となるものです。水元の今を知ると同時に、古い記録を保存し、多くの方々にも知っていただくことも意義のあることで、ここにその一部（昆虫類）をご紹介しましょう。

　昆虫類のうち蝶類では6科20種が記録されていますが、「東京地方ではごく普通に見られるもので、水元公園を特徴づけるものではない。ただ、水元のような大都市内の公園ではごく普通に見られる種が生息していることが、その生態系の保護や教育の立場から重要視されねばならないだろう」としています。
　今にしてみればゴイシシジミなどはその発生地の自然度を示すものであろうし、調査表には見られませんが、コムラサキ、ゴマダラチョウ、ギンイチモンジセセリなどは当時も今も生息しており、水辺（ヤナギのコムラサキ）や屋敷森（エノキのゴマダラチョウ）そして河原・田園（ススキのギンイチモンジセセリ）というまさに水元を特徴づける蝶たちが今だに飛び続けていることを明記しました水元の誇りとしなければならないと考えます。

　調査表の中で注目すべきことはヒメウラナミジャノメの存在です。表示によれば◎（多い）ということですから、1970年代前半までは確実に生息していたわけです。今までいくつかの資料を調べていく中で、1973年には沢山見られた、しかし1979年の私と昆虫クラブ生徒での比較的ていねいな調査では確認できなかった、ということになり、その5年間にその消滅に関わる大きな原因があったものと思われます。決定的な理由は一体何か、、、
　この調査記録にあったものは以下の蝶類でした。（1973年）

| 和名 | 7月 | 8月 | 9月 | 11月 |
|---|---|---|---|---|
| アオスジアゲハ | ◎ | ◎ | ○ | |
| カラスアゲハ | | ＋ | | ＋ |
| クロアゲハ | | ？ | ？ | ＋ |
| アゲハ | ○ | ○ | ○ | |
| キアゲハ | ○ | ○ | ○ | |
| モンシロチョウ | ◎ | ◎ | ◎ | ＋ |
| スジグロシロチョウ | ◎ | ◎ | ◎ | |
| モンキチョウ | | ＋ | | |
| キチョウ | ◎ | ◎ | ◎ | |
| ヒメジャノメ | ◎ | ◎ | ＋ | |
| ヒメウラナミジャノメ | ◎ | ○ | | |
| イチモンジセセリ | ◎ | ◎ | ◎ | |
| ベニシジミ | ○ | | | |
| ヤマトシジミ | ◎ | ○ | ○ | |
| ゴイシシジミ | | ＋ | | |
| ツバメシジミ | | ◎ | | |
| ウラナミシジミ | | | ？ | ＋ |
| ルリシジミ | | | ？ | ＋ |
| キタテハ | ◎ | ◎ | ◎ | ○ |
| ルリタテハ | | | | ＋ |

　　◎多い　○普通　＋少ない　？未確認

<表6> 水元・小合溜井における調査結果（1973年 川村宜之）

| 科 名 | 標準和名 | 採集月 | 場 所 |
|---|---|---|---|
| テントウムシ科 | テントウムシ | 7月 | |
| | ナナホシテントウ | 7月 | |
| | ヒメアカホシテントウ | 7月 | |
| ゾウムシ科 | ヘスジゾウムシ | 7月 | |
| カメムシ科 | ヒメヘリカメムシ | 7月 | |
| ヘビ科 | ホソヘリカメムシ | | |
| | ヤナギルリハムシ | 7月 | |
| ハンミョウ科 | コハンミョウ | 8月 | 山王台公園 |
| コガネムシ科 | ヒメカンショコガネ | 8月 | 山王台 |
| シデムシ科 | オオヒラタシデムシ | 8月 | 〃 |
| ゴミムシ科 | コガシラアオゴミムシ | 8月 | 〃 |
| | キアシナガカタビロゴミムシ | 8月 | 〃 |
| | オアシスマチャゴミムシ | 7月 | 〃 |
| | SP₁ | 7月 | 〃 |
| | SP₂ | 8月 | 〃 |

<表5> 膜 翅 目

水元・小合溜井における調査結果（1973年 田仲雅弘）

| 科 名 | 標準和名 | 8月 | 9月 | 11月 |
|---|---|---|---|---|
| ヒメバチ科 | マダラヒメバチ | | ○ | |
| アシブトコバチ科 | アカアシブトコバチ | | ○ | |
| | キアシブトコバチ | | ○ | |
| セイボウ科 | クロバネセイボウ | | ○ | |
| | ナミセイボウ | ○ | | |
| スズメバチ科 | セグロアシナガバチ | | ○ | |
| | セグロアシナガバチ | | ○ | |
| | フタモンアシナガバチ | | ○ | |
| | キスズバチ | | | ○ |
| | トックリバチ | | ○ | |
| ベッコウバチ科 | オオモンクロベッコウ | ○ | | |
| | ベッコウバチ | ○ | | |
| | オオベッコウバチ | ○ | | |
| スズメバチ科 | カタアオスジドロバチ | ○ | | |
| | オオフタオビドロバチ | ○ | | |
| | ドロバチ SP | ○ | | |
| | ドロバチモドキ SP | ○ | | |
| ジガバチ科 | ジガバチモドキ | | ○ | |
| | キゴシジガバチ | | ○ | |
| | コクロアナバチ | | ○ | |
| | ヒメアナバチ | | ○ | |
| | マルモンコバチドリ | | ○ | |
| | アカガネコハナバチ | | ○ | |
| コハナバチ科 | ヒメハリナガキモモドリ | | ○ | |
| ハキリバチ科 | バラハキリバチモドキ | | ○ | |
| | ヒメハキリバチ | | ○ | |
| ミツバチ科 | ミツバチ（洋種） | | ○ | |

<表3> 蜻 蛉 目

水元・小合溜井に於ける調査結果の比較

| 科 名 | 和 名 | 1958年 5月 6月 7月 8月 9月 10月 11月 | 1973年 7月 8月 9月 11月 |
|---|---|---|---|
| トンボ科 | シオカラトンボ | ○ | |
| | ショウジョウトンボ | ◎→ | ◎◎○ |
| | コフキトンボ | ◎→ | + |
| | コシアキトンボ | ○→ | |
| | ウスバキトンボ | + | |
| | コンプアキトンボ | ○ | |
| | マイコアカネ | + | |
| | ウスバキトンボ | ◎→ | + |
| | チョウトンボ | ○ | ◎ + |
| | フジメトンボ | ◎→ | + |
| | ヤママカネ | ○ | |
| | オオシオカラトンボ | ○ | |
| カワトンボ科 | オオヤマトンボ | ◎→ | + |
| イトトンボ科 | ヘグロトンボ | + | + |
| | キイトトンボ | ○→ | + |
| | ベニイトトンボ | + | |
| | アジアイトトンボ | ◎→ | ◎ + |
| | クロイトトンボ | ◎→ | + |
| | セスジイトトンボ | ○ | + |
| | オオセスジイトトンボ | + | |
| サナエトンボ科 | サナエトンボ | + | |
| | ウチワヤンマ | + | + |
| ヤンマ科 | カトリヤンマ | ○ | ○ + |
| | クロスジギンヤンマ | + | + |
| | ギンヤンマ | ○ | |
| | ミニヤンマ | ○ | |

◎多い　○普通　+少ない

*古い記録もオープンにすることでそこでの価値を持つものと考えます。

昆虫に関する調査表は以上4項目で、それぞれの専門分野で確認してみてください。

なお解説については冊子（B5版、52頁）を森本が保管しています。

これらの表は両国高校生物科の承諾を得て掲載しました。

蝶以外の項目は紙面の都合で縮小しました。

— 11 —

「水元の蝶・個体数調査」の古い記録
（葛美中学校昆虫クラブ：1981）より

　ある地域に生息するある種の生物個体数についての調査ではいろいろな方法が考えられます。植物のように自ら移動することがなくしかも大きな樹木であればその確認は容易ですが、動物のように移動するものであれば同一のものを再カウントしたり、小さな昆虫類であれば樹上や草むらの中で確認されないものも多く、正確な数字をつかむことはなかなか難しいものです。さらには観察者の認知力も要求されます。昆虫類の調査などでよく言われる「多い」「普通」「少ない」「稀」など（◎○+など）の表現も、「その地域においては」とか「観察者の経験では」といった前提があり、その地域を知らない人にとってははなはだ不確実な情報であることは否めません。そこでできるだけ誰にでも納得できる資料作成のために、以前（1981年）次のような方法で水元公園での蝶の生息調査を実施したことを紹介してみます。

　できるだけ多くの人数で、年間を通し、定期的に、同じ時間帯で、同じ地点で、視野に入る範囲でなどの条件をつけながら、具体的には次のように実施しました。
＊当時勤務していた中学校（葛飾区立葛美中学校）の昆虫クラブの生徒たちとともに調査を実施。生徒数は15名前後。
＊調査日は3月から11月までの毎週日曜日を基本とする。
＊蝶の活動が活発と思われる午前11時前後に所定の地点で確認する。
＊公園内でも比較的蝶影の濃い10地点を設定する。
＊生徒たちは各自分担の地点で樹木や花などで吸蜜中、休息中、また飛翔中の蝶の数を種類ごとに記録する。

○単純な作業（しかし、継続することの困難さはある）ではありますが、確認数を合計したものが次の表です。天候に左右されたり、確認地点を特定したために目にされなかったものもあったと思われます（すでに生息確認がされていたムラサキシジミ、ゴイシシジミキマダラセセリなど局所的分布をする種の地域を観察地として人員を配置していなかった点はある）が、ある年の水元公園の蝶の発生状況がおおまかにつかめるでしょう。その数を多いとするか少ないとするかは、資料を見る人の判断になると思います。
（調査者：葛美中学校昆虫クラブ、森本峻）

　個体数調査の意義は、その地域におけるその種の年間の発生状況を知る上で重要であることはもちろん、毎年継続することで、その地域の自然状態の変化、開発の状況、また気候など（温暖化など）地球規模的な変化などにも思いをめぐらすことができます。そうした自然的、人工的な要素を考慮しながら自然保護の問題についても検討する基礎資料となることができます。ただこれらの調査は個人では不可能であり、そこに自然を愛好するグループの存在が大きな意味を持つことになります。

　次の表は1981年月別調査の古い記録ですが、今より自然が残されているはずと思われながら、定点観察での種類数が以外と少ない（7科35種）ように感じられます。当時は水元公園が都立公園としての整備が進行し始めまた定点観察の故に観察もれの種もあったと思われます。一方、公園整備がある程度終了した現在、その過程で各種樹木の移植、気候の変遷などにより遠隔地より新しい種が移入してきたり、また多くの観察者の目、自然に対する関心の深まりが新しい発見（2004年12月に至るまでの確認数は7科54種）につながったのではないかと思われます。

　その後、こうした組織的観察は実施されておらず、組織としての活動が望まれます。

次の資料は「葛飾区史・下巻」（1985年）に収録されたものの一部です。

## 水元公園と蝶の主な分布

[コイシジミ]

[ツマキチョウ / アオスジアゲハ / コミスジ]

[コムラサキ / ゴマダラチョウ / ヒオドシチョウ / ルリタテハ]

[カラスアゲハ / クロアゲハ / ゴマダラチョウ / イチモンジチョウ / ムラサキシジミ / ウラギンシジミ / キマダラセセリ]

[ギンイチモンジセセリ / ウラギンシジミ]

[オオチャバネセセリ / チャバネセセリ / イチモンジセセリ]

[ウラギンシジミ]

[コムラサキ / ヒメジャノメ / サトキマダラヒカゲ]

[ミドリシジミ / アカシジミ]

A — 浅間神社跡
B — 日枝神社跡
C — 熊野神社
D — 香取神社
E — 中央広場
F — 賀鳥保護区
G — 明治百年広場
H — 小合溜
I — 水元青年の家
J — 埼玉県三郷市
K — 東京都葛飾区
L — 水元公園バス停
M — キャンプ場
N — 苗圃
O — 菖蒲田
P — 都水産試験所

1981年、基本的には公園内どこでも蝶は確認できたが、コイシジミのようにそこでしか見られないものもある。1980年頃と現在では確認される場所も大きく変化してきているのがわかる。生息場所は食草、食樹の植栽に大きく影響される

## 1981年水元公園の蝶、採集目撃数

| 1981年 | 1月 | 2月 | 3月 | 4月 | 5月 | 6月 | 7月 | 8月 | 9月 | 10月 | 11月 | 12月 |
|---|---|---|---|---|---|---|---|---|---|---|---|---|
| (1) アオスジアゲハ | | | | | 7 | 27 | 42 | 37 | 26 | 8 | | |
| (2) クロアゲハ | | | | | 2 | 4 | 25 | 11 | 11 | 3 | 1 | |
| (3) カラスアゲハ | | | | | | 1 | 2 | 2 | 2 | | | |
| (4) ナミアゲハ | | | | 5 | 12 | 15 | 48 | 27 | 20 | 3 | 3 | |
| (5) キアゲハ | | | | 3 | | 1 | 6 | 4 | 14 | 6 | | |
| (6) モンシロチョウ | | | 1 | 25 | 11 | 68 | 83 | 23 | 10 | 52 | 6 | |
| (7) スジグロシロチョウ | | | | 6 | 18 | 3 | 11 | 9 | 28 | 22 | | |
| (8) モンキチョウ | | | | 15 | 11 | 3 | 22 | 8 | 9 | 17 | | |
| (9) キチョウ | | | | 5 | 2 | 2 | 10 | 1 | 6 | 16 | 1 | |
| (10) ツマキチョウ | | | | 16 | 8 | | | | | | | |
| (11) キタテハ | | | 3 | | | 24 | 17 | 11 | 43 | 3 | | |
| (12) アカタテハ | | | | | | | | | | 4 | 3 | |
| (13) ヒメアカタテハ | | | 1 | | | 4 | 2 | 9 | 44 | 5 | | |
| (14) ルリタテハ | | | | | | 3 | 3 | 6 | 4 | | | |
| (15) ゴマダラチョウ | | | | | | 3 | 7 | 12 | 4 | | | |
| (16) コムラサキ | | | | | 2 | 8 | 10 | 19 | 4 | | | |
| (17) ヒオドシチョウ | | | | | | 5 | | | | | | |
| (18) イチモンジチョウ | | | | | | | | 1 | 1 | | | |
| (19) コミスジ | | | | | | 2 | | | 1 | | | |
| (20) ヒメウラナミジャノメ | | | | | | | | | 1 | | | |
| (21) ヤマトシジミ | | | | 8 | 17 | 3 | 15 | 28 | 24 | 9 | 4 | |
| (22) ベニシジミ | | | | 20 | 18 | 25 | 16 | 31 | 11 | 7 | 2 | |
| (23) ルリシジミ | | | | 1 | | 12 | 7 | 15 | 2 | | | |
| (24) ツバメシジミ | | | | 3 | 31 | 10 | 15 | 38 | 39 | | | |
| (25) ウラナミシジミ | | | | | | | | | 28 | 43 | | |
| (26) ミドリシジミ | | | | | | 1 | | | | | | |
| (27) アカシジミ | | | | | | 1 | | | | | | |
| (28) ウラギンシジミ | | | | | | 13 | 22 | 19 | 79 | 8 | | |
| (29) イチモンジセセリ | | | | | | | | | | | | |
| (30) ギンイチモンジセセリ | | | | | 2 | 1 | | | | | | |
| (31) チャバネセセリ | | | | | | | | 8 | 11 | | | |
| (32) オオチャバネセセリ | | | | | | | | | | | | |
| (33) ヒメジャノメ | | | | | 15 | 4 | 9 | 11 | | | | |
| (34) サトキマダラヒカゲ | | | | | | 7 | 13 | 5 | | | | |
| (35) ウラギンシジミ | | | | | | | | | | 3 | | |

公園内10地点での年間(3月〜11月)確認数集計である。再カウントを防ぐため移動せずに確認していたため本来生息しているのに確認日にカウントできないものもあった。しかし発生の時期、密度など大体の状況がつかめる。

# 『水元の蝶たち』

アゲハチョウ科
クロアゲハ
カラスアゲハ
アオスジアゲハ
ナミアゲハ
キアゲハ
ジャコウアゲハ
モンキアゲハ
ナガサキアゲハ

　　シロチョウ科
ツマキチョウ
モンシロチョウ
スジグロシロチョウ
モンキチョウ
キチョウ
ツマグロキチョウ

　　タテハチョウ科
ゴマダラチョウ
ヒョウモンチョウ類とスミレ
　　ミドリ、オオウラギンスジ、ツマグロ
ウラギンヒョウモン
ルリタテハ
ヒオドシチョウ
キタテハ
ヒメアカタテハ
アカタテハ
コムラサキ
コミスジ
イチモンジチョウ

　　シジミチョウ科
ムラサキシジミ
ヤマトシジミ
ベニシジミ
ウラナミシジミ
ゴイシシジミ
ウラギンシジミ
ミドリシジミ
ルリシジミ
ツバメシジミ
ムラサキツバメ

　　ジャノメチョウ科
サトキマダラヒカゲ
ヒメウラナミジャノメ
クロコノマチョウ
ヒメジャノメ

　　セセリチョウ科
イチモンジセセリ
ギンイチモンジセセリ
ヒメキマダラセセリ
キマダラセセリ
オオチャバネセセリ
ダイミョウセセリ
チャバネセセリ

　　テングチョウ科
テングチョウ

　　マダラチョウ科
アサギマダラ
スジグロカバマダラ

「水元の蝶」文中の表示について

写真：
　＊デジカメを手にしてまだ２年ということもあり、数少ない写真からすべてのページをうめることはできませんでした。一部は昔のスライドから利用し、ヒメキマダラセセリ、クロコノマチョウ写真については五十嵐氏からお借りしました。
　△公園内の風景写真はその蝶の生活環境を示すもので地図上では△印で示した地点です。

主な観察場所：
　地図上に○印で示しましたが、狭い公園内では実際はあまり意味も持たず、たまたま個人として観察の機会を得た場所ということです。

公園地図：
　水元公園図上の○△印は上に説明の通りですが、おおよその地点を示すものです。

主な観察記録（2004年11月現在）：
　1980年前後からの過去の記録を拾い上げることにより、長期間での発生状況をつかむことを目的としました。表にすることによりその姿は一層はっきりとすると思われますが、今後もさらに記録の集積につとめ、後日データとしてわかりやすい資料作成にも取り組みたいと考えています。
　車いすの生活になってからは公園に出かける日もその日の天候や体調に影響されます。したがって観察日が不定期になり記録のかたよりもありますが、記録のない期間が必ずしも発生していないことを意味するものでないことは言うまでもありません。
　場所は特にことわりなければ水元公園内の観察であり、多くの同好の観察者の協力を得ています。記号は以下の通りです。
ig：五十嵐　ic：市原　su：須田　ho：堀
sh：下山田　ka：加藤　ta：高橋
oo：大畑　fu：深川
mc：水元自然観察クラブ
f：ふじ子　無印：森本

アゲハチョウ科
　　　クロアゲハ
　　　　Papilio protenor CRAMER

　アゲハチョウ（ナミアゲハ）とならんで誰でも知っている黒いアゲハはその名の通りクロアゲハです。幼虫の食べる植物も同じような甘橘類が中心ですから、同じミカンの木から両方の幼虫たちを見つけることもあるでしょう。似たようなイモムシですがよく見ると違いがわかります。若い幼虫は両方とも鳥のフンに似て黒い色をしていますが、どちらかといえばアゲハチョウの方は少しサラッとしたフンのようであるのに対し、クロアゲハの方はできたてのフンのようにヌメッとぬれた感じがします。終齢の幼虫になるとその違いはもっとわかりやすく、クロアゲハの幼虫はアゲハよりずっと大きくて、変身した後の緑色も濃いのがわかります。身体の縞模様も違うのですが、それでも区別がつかないときはかわいそうですがちょっと頭をつついてみます。怒った幼虫はあのくさ～いニオイを出す角（肉角）を出して威嚇します（きらいな人はイヤでしょうが、私のように全く気にしない者には効果なし）が、その角の色が黄色っぽければアゲハチョウ、赤っぽければクロアゲハというわけです。種類が違うので当り前といえば当り前のことですが、成虫の生活の様子はさらにちがいます。明るい場所で花から花へと飛び回るアゲハチョウにたいしてクロアゲハの方は林の縁など日陰を好み、ときには樹林内を縫うように飛び抜けていく様子が見られます。黒い色は熱を吸収しやすいからかどうかわかりませんが、翅をベタッと開いて葉の上で休んでいるのを見ると、いかにも「疲れた～」という感じです。黒いアゲハ類が持つ一般的な習性でいつも同じような場所を通ることからその通り道を「蝶道」と呼ぶことがありますが、そうしたところは絶好の観察場所となります。翅の表は全面ほぼ黒ですが、後翅裏面縁の赤い斑紋が印象的なアクセントで、時にこの赤い斑紋がとてつもなく大きくてビックリさせられることがあります。これは珍しい斑紋異常型と、捕まえてみると何のことはありません。オニユリなどの赤い花粉がベットリついていただけでした。しかし本当に巨大な赤い斑紋をつけたクロアゲハが日本にはいます。南西諸島のクロアゲハ、特に**雌**の斑紋は見事なもので、これが同じクロアゲハかと思うほどです。さらにある限られた島では無尾型（尾状突起がない）のクロゲハも見られて、日本はなんと広いものかと思い知らされます。雌雄の区別は簡単で、雄の翅にはつやがあり後翅の前縁には白い紋がついています。

　わが家ではミカンの木を欠かしたことがありません。園芸店で買ってきたものはその年だけ実がついていて次の年からは葉っぱばかりになってしまいますが、甘橘類の果物を食べたあとの種から出た小さな木などもそのまま育てて置いておきます。知人からいただいた「こなっちゃん」や旅行先のコペンハーゲンで食べた「コペンオレンジ」（勝手につけた名前ですが）の種も今は立派に育ち、どこからかぎつけてきたかアゲハ類が集まるのが楽しみです。雄はさっさと飛び去っていきますが、雌はウロウロウロウロ翅を細かく震わせ、ちょっと葉にとまっては隣の場所に移動、そしてやっとのことで腹端を曲げて産卵姿勢をとります。「お、きたぞ」「産んでる、産んでる」といつもながらワクワクする風景です。

　皆さんもいかがですか。鉢に夏みかんの種をまいて、もちろんどんなミカンでもけっこうですが、ベランダに置いて芽が出てくればたちまちそこはもう「蝶の生息地」。試してみてください。

クロアゲハ

＊いつも落ち着きなく翅を動かしながら飛び回るのに、この日はゆっくりと自宅のイチョウの葉に休んでいた。よほど夏の陽射しが暑かったのだろう。

△水元公園奥の浅間神社跡地
こんな林の空間をクロアゲハは悠々と飛んでいる。

○主な観察地：
　ほぼ全域に見られるが浅間神社跡、日枝神社跡、旧水産試験場など比較的林の残る場所で見られる。公園内には食草となるミカン類は少ない。

観察記録

1977：4／29、5／30、
1978：4／26、
1981：5／9、6／3、7／27、8／27
　　　9／20、10／4、11／1
1992：5／12mc、
1993：9／25mc、10／11mc、
1994：4／23mc、5／24mc、7／18mc、
1997：4／30、5／26、6／2、7／21mc、
1998：4／18、5／17mc、6／21、7／19
1999：3／23f、4／20ig、4／21立石6、
　　　4／25、4／28ho、5／1、5／2fu、
　　　5／8、5／9、6／1、6／6、7／1fu
　　　7／4暑、8／4fu、8／16、9／3、
　　　9／26、10／1fu、10／9、
2001：7／15mc、8／19mc、9／16mc、
2002：4／6、4／20、5／19mc、5／26
　　　6／9、7／14、8／10、8／24、
　　　9／14、9／23、9／29、10／5、
　　　10／6、10／12、10／15、10／27、
2003：4／21su、4／27、4／29、5／2、
　　　5／3、5／5、5／10、5／18、5／21
　　　5／24、6／22、8／4、8／31、
　　　9／16、9／27、10.5、10／19、
2004：4／18、4／20sh、4／29、5／8、
　　　5／15、5／23、5／24、6／5、
　　　6／14、6／19、7／12、

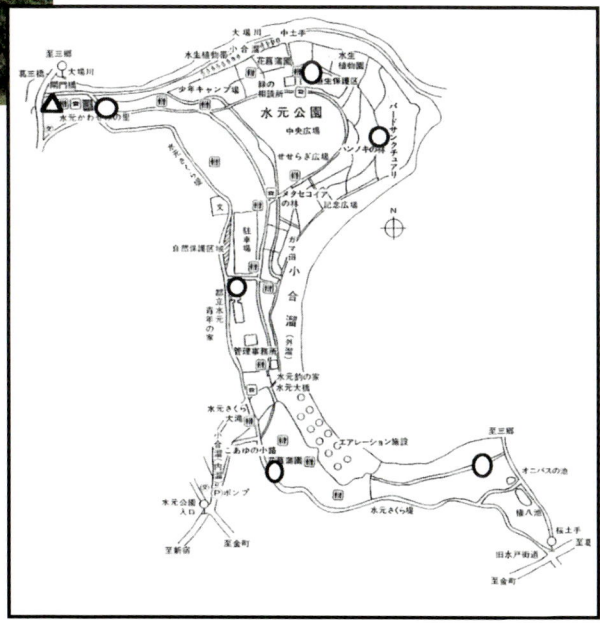

アゲハチョウ科
　　アオスジアゲハ
　　　　Graphium sarpedon LINNAEUS

　多くの虫たちは宅地化、都市化とともに私たちの周囲から姿を消していくのが常です。ところが逆の現象を示す虫のひとつにアオスジアゲハという蝶があります。今、都会のどこでも普通にみられるこの蝶は、以前は昆虫少年にとってはあこがれの的でした。

　黒地に南の海を思わせる青い模様、他のアゲハの仲間とはちょっと異なる縦長の翅形（しけい＝はねの形）、落ち着きのない素早い動き、昆虫少年にとっては南方系の蝶という珍しさと捕えにくいという採集意欲をわかせるそんなあこがれがあったのです。農家の屋敷森でよく見た記憶があるのですが、多分食草である大きなタブノキでもあったのでしょう。アオスジアゲハが人の目に多くふれるようになったのには二つの理由が考えられます。ひとつには例の温暖化により南方形の虫たち（食草も含め）の北進があげられ、もうひとつは食草となるクスノキが都市の公園に、また街路樹として多く植えられるようになったことです。クスノキは公害に強く、しかも昔は虫よけのショウノウの原料にもなった樹ですから多分虫害にも強いのでしょうか。そういえばクスノキが虫喰いだらけというのはあまり見たことがありません。そんな虫よけの薬になる葉を食べるのですからアオスジアゲハは不思議な蝶です。要するに食べ物がいたるところにふえたということです。もっとも野外の卵、幼虫たちはかなりの率で寄生されて爆発的に成虫がふえているわけでもありません。

　水元公園や近隣の農家には昔からタブノキが多くあったようです。そこにクスノキも移植されるようになって、まさにアオスジアゲハの楽園がつくられました。アゲハといえばいわゆるナミアゲハのことで学校の教材にも使われますが、アオスジアゲハも同じように簡単に飼育ができる蝶です。まず卵はおいしそうな新芽に産みつけられます。クスノキとタブノキが並んでいればタブノキのほうを好むようで、人の目で見ても確かにタブノキのほうがおいしそうに見えますがどうでしょうか。枝先の新芽より太い幹から出た徒長枝、群落よりも単独樹のほうが集中して産みつけられるので発見は楽です。あるとき街路樹の植え込みでこぼれた種から発生したと思われる20〜30センチのクスノキをとってきて鉢に植え、庭に置いておきました。いったいどうやってかぎつけてくるのか数日後には小さな芽に5、6もの卵がついていました。

　アオスジアゲハと同じグループのミカドアゲハは南西諸島を中心に生息していますが、アオスジアゲハとは食草も異なり（オガタマノキ）勢力争いをすることもありません。名前（ミカド）が示すようにちょっと品（模様がさらにこまかく）がちがう？ようですが。

　幼虫、さなぎは似ていますが、幼虫が葉上で休む時やさなぎはミカドアゲハは頭部を葉先に向け、アオスジアゲハは逆に葉の基部に向けるという習性があります。虫を飼育していると寄生バチや寄生バエの被害に出会うことがよくあります。成虫が出てくる寸前になって、さなぎにあけられた穴からハエやハチが出てきてガッカリということを経験されるでしょう。まぁこれも自然のしくみを知る良い機会ではあるのですが、この場面をみて思い出すのが映画「エイリアン」。人間の身体に産みつけられた卵から、あとでお腹を食い破ってエイリアンが出てくるという場面。想像力を駆使したSF映画といいながら、なんのことはありません。日常目の前でよくある虫の世界の出来事とかわりないのですから。人間の想像力の乏しさを逆に示しているようです。

アオスジアゲハ

△公園内には食草となるクスノキ、タブノキがどこにでもあるが、両者が近くにあるときはタブノキに卵を産みつけることが多いようだ。タブノキの新芽はボリュームがあって美味しそうに見えるにちがいない。

＊花にはよく来るがじっとしていてくれないので困る。公園樹木としてのクスノキ植栽の拡大とともにアオスジアゲハも増えている。

○主な観察地：
桜土手、苗圃に多いクスノキ、タブノキでは卵から成虫までの全ステージを観察することができる。

観察記録
1977：5／3、
1981：6／2、7／12、8／7、9／13、
　　　10／12、10／19、11／1幼／4蛹化
1991：10／18mc、
1993：9／25mc、
1994：4／29mc、5／25mc、
1997：4／30mc、5／26mc、5／27mc、
　　　6／2mc、7／2mc、7／21mc、
　　　8／24mc、
1998：6／21mc、7／19mc、8／16mc、
1999：4／21ig、4／25ig、4／28ho、
　　　5／2fu、5／8、5／9、6／1fu、
　　　7／4暑い、8／4fu、9／3、10／2fu
2001：7／15mc、8／19mc、9／16mc、
2002：4／18中川、4／20、4／27、5／11
　　　5／19、5／26、6／9、6／17f、
　　　7／14、8／10、8／24、9／14、
　　　9／23、9／29、10／5、10／6、
　　　10／12、10／14mc、10／15、
2003：4／24、4／27、4／29、5／2、5／3
　　　5／5、5／10、5／18、5／24、
　　　6／15、6／22、8／4、8／31、
　　　9／16、9／27、10／5、11／2、
2004：4／22f、5／8、5／15、5／23、
　　　5／24、6／5、6／14、6／19、
　　　7／12、7／25、8／2、8／10、
　　　8／21、9／6、9／13、

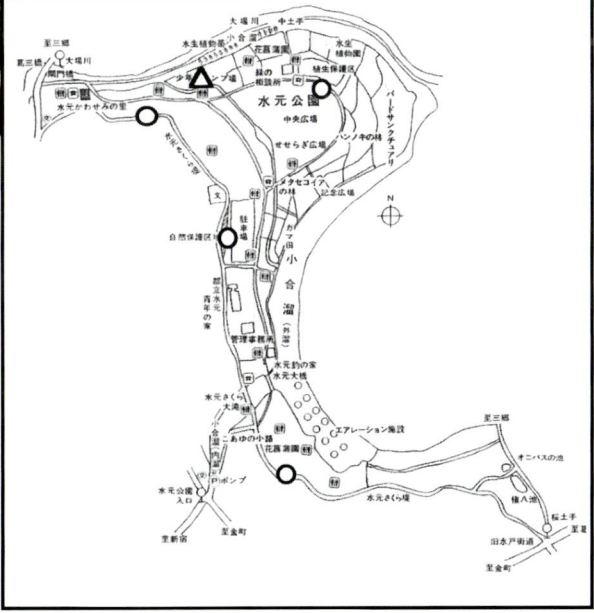

— 25 —

アゲハチョウ科
アゲハ（ナミアゲハ）
Papilio xuthus LINNAEUS

蝶といえばモンシロチョウとアゲハチョウ、この2種は誰でも知っている蝶です。一番の理由はこの2種ほど人の生活と関わりのある蝶は他にないからでしょう。畑から発生するモンシロチョウ、庭から発生するアゲハチョウと言ってもいいほど私たちの生活環境に適合した蝶です。もちろんそれ以外の場所でも見られます。ところがこれほど日本では親しまれているアゲハチョウも欧米では見ることはありません。日本列島をはじめ東アジアにしか生息していないのです。日本でも北海道には少なく、また南の島々でも少ないという四季の表情豊かな日本の代表的な蝶と言えるでしょう。普通アゲハチョウと呼んでいますが、まさにアゲハチョウグループの代表なわけです。それなのにナミアゲハとは、、他のアゲハ類と区別するために図鑑などでこう呼ばれるのは当人（蝶）としては不満かもしれませんね。

さて「庭から発生するアゲハチョウ」というのはその幼虫が食べるミカン科の各種の樹木が民家の庭先に植えられているからです。水元公園では多くの成虫が見られますが、ほとんどは公園内での発生ではないようです。毎年幼虫がいくつも見られた大きなカラタチの木が以前何本かありましたが、公園整備とともにどこかに消えてしまいました。そういえばミカン科に限らず果実をつける樹木が公園に少ないのはどうしてでしょう。管理の問題などがあるのでしょうか。虫のためにも私たちのためにもそんな樹木があればいいと思うのですが。

アゲハチョウが親しまれているもうひとつの理由は平野部、低山地に生息し長い期間姿を見せているということ。目にふれる機会が多いのです。早い年には3月から、そして10月ころまで活動していますが、水元では年に4回くらいの世代を繰り返しているようです。成虫時代以外はなかなか人の目にふれることの少ない虫の世界で、あの大きなイモムシはいつも私たちの目の前にいます。すぐ目につくために虫嫌いの人からは目の敵にされ「気持ち悪いから踏みつぶした」なんて残酷な仕打ちを受けることもしばしば。彼等は人には何の危害も与えません。多少ミカンの葉は失礼しますがただそれだけのこと。ちょっとさわってみてください。ヒンヤリとマシュマロのような感触は慣れてしまえば心地よいもの。こう言うと変人に思われそうですが、ぜひ一度試してみてください。幼虫をちょっと驚かすと頭部近くから臭角をニョキッと出しますが、これまた嫌いな人には耐えられない臭いのようです。同じ様な幼虫でも赤紫の角を出すのはクロアゲハなどで、アゲハチョウの角は橙黄色ですからすぐ区別はつきます。イモムシの色には2段階あり白黒の幼虫は鳥の糞をまねて身を守っているのでしょう。これは4齢まででそれが終齢になると緑色に変身します。身体が大きくなると「鳥の糞」のふりをするよりも緑色になって葉の一部にまぎれたほうが目立たないのかもしれません。サナギにも緑色系と褐色系の2色があり、それはサナギになるころの周囲の環境の影響を受けるといいます。

こうした身近な虫たちの観察は自然、生命の不思議さ大切さに触れる最良の機会です。そういう意味で子どもたちにはぜひ虫を観察したり育てたりできる環境を備えたいものと思います。例えばここにサナギがあります。美しいアゲハチョウが出てくるものと待ち構えていると、なんとサナギに穴があいて出てきたのは寄生バチや寄生バエ。可愛そうやら悔しいやら恐ろしいやら悲しいやら。そんなことを学ぶのも大切なことでしょう。

ナミアゲハ

△なぜ公園には実のなる樹が少ないのだろう。だが柑橘類が少ないのにナミアゲハはやたらと多い。ここは「かわせみの里」

＊古い時代の昆虫図譜などを見ると蝶はどれもこんな姿をしている。一番くつろいだ姿勢なのだろう。

○主な観察地：
公園内全域で見られる。花のある緑の相談所、かわせみの里、桜土手の植え込みに多いだろうか。

観察記録
1977：4／2、4／17、4／29、4／30、
　　　5／3、5／30、6／12、
1978：4／9、4／26、
1981：4／11、5／10、6／20、7／29、
　　　8／11、9／1、10／4、11／1、
1991：4／22mc、
1993：9／25mc、
1994：4／11mc、4／30mc、
1995：4／29mc、
1997：4／30mc、5／11mc、6／2mc、
　　　7／21mc、
1998：4／18mc、7／19mc、
1999：4／14ho、4／21fu、4／25、4／27
　　　江戸川f、4／30立石、5／1、5／8、
　　　5／9、6／6、7／1fu、7／4暑い、
　　　8／4fu、8／12、9／3、10／1fu、
2001：7／15mc、8／19mc、9／16mc、
2002：4／3お花茶屋、4／6自宅、4／13
　　　4／18中川、4／20、4／27、
　　　5／19mc、5／26、6／9、6／17f、
　　　7／14、8／10、8／24、9／14、
　　　9／23、9／29、10／5、10／6、
　　　10／15、
2003：4／10su、4／17ig、4／27、4／29
　　　5／2、5／3、5／5、5／10、5／24
　　　6／15、6／22、8／4、8／31、
　　　9／16、9／27、10／5、
2004：3／27、3／28、4／11、4／18、
　　　4／29、5／8、5／15、5／23、
　　　5／24、6／5、6／14、6／19、
　　　7／12、7／25、8／2、8／10、
　　　8／21、9／6、9／13、

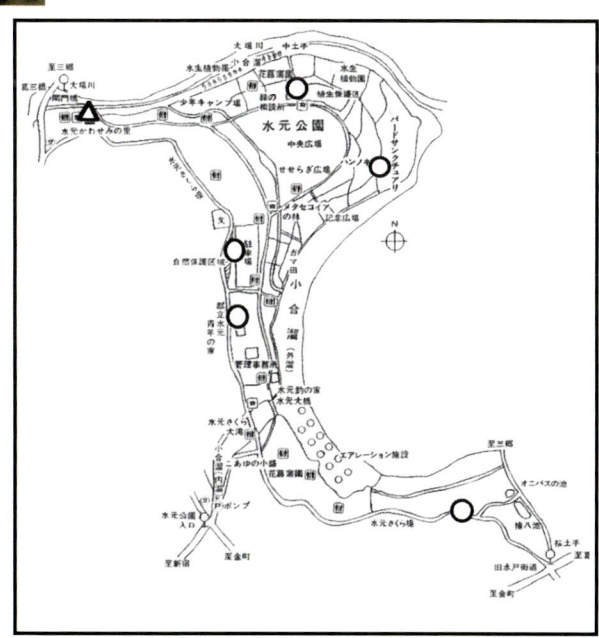

アゲハチョウ科

## キアゲハ
### Papilio machaon LINNAEUS

　日本でアゲハといえばナミアゲハですが、欧米ではキアゲハが代表。尾状突起の尾から英語名ではSwallowtail（ツバメの尾）と呼ばれています。一般的に尾のないアゲハ類までSwallowtailという言葉がつけられているのはちょっとおかしな気分ですが、ひとつのグループの総称名ともなっているのでしょう。キアゲハはアジア、ヨーロッパ、北米の温帯から寒帯域まで北半球の比較的寒い地域に生息します。緯度の低い日本ではそれはかなり高地にまで生息地があることも意味しています。平地の都市部から二千メートル級の山地でも幼虫が見い出され、その生息域の垂直幅は他の蝶に追随を許しません。昔、蔵王の頂上でお釜を見下ろすガレ場にコマクサがあり、そのわきの小さなウドの類に、キアゲハの幼虫がついているのを見つけて特別珍しい虫を見つけたような感動を覚えたことがあります。

　水元公園でももちろんキアゲハは見られますが、ナミアゲハと比べるとかなり確認数は少ないのではないでしょうか。ナミアゲハと混同されていることもあるかもしれませんが、もともとの生息地が山地草原で明るい所が大好きということもあり、ナミアゲハ、クロアゲハのように人家の間をぬうように飛んだり、公園の林に沿って飛んだりすることがないからでしょう。あまり都会的な蝶とは言えません。人里の栽培種といわれる食草も食べるといっても広いニンジン畑をのぞけばあまり人家に近寄ることはないようです。今年私が初めてキアゲハを確認したのは「かわせみの里」前の草地で４月17日の暖かい日でした。年により第１化（春型）の発生時期に差はありますが、ナミアゲハとともにアゲハ類の中では早く発生するほうです。公園内には食草となるセリ科の植物が所どころで見られますが、植生保護区内にセリ科植物の群落があって（以前は今ほど樹木が密生しておらず内部も明るかったのです）ある時たまたまそこを歩いていると、突然あのアゲハ幼虫の出すにおいがしたのです。見ると足元には何匹ものキアゲハ幼虫が黄色い肉角を出していました。彼等の楽園を騒がしてしまったようです。よしよしとなだめてそこを立ち去ったことがありました。今は暗い林内となりキアゲハが来ることは期待できませんが、「芝生の山」下の林周辺で期待できる食草の群落（草刈りされませんように）があります。

　関東の平地では年３回くらいの発生と思われ、秋サナギになったものはそのまま冬を越します。幼虫は小さいうちは他のアゲハのように鳥の糞にまねていますが、４齢ともなると黒緑、橙色の３色が目立ち始め、５齢（終齢）では黒と緑の帯、そして黒帯の中の橙色の点が一層鮮やかになります。それはなんとも派手な模様で外敵にも見つかりやすく警戒色と見る意見もあるようですが、意外と逆の効果を見せています。白黒の縞模様のシマウマが草原や林の中でその縦のスジがまぎれてしまうように、キアゲハ幼虫の縞々はニンジンやパセリの葉のように深い切れ込みのある植物の中では身を隠すのに役立っているようにも思えます。

　虫を愛したドイツの作家ヘルマン・ヘッセの「少年の日の思い出」にも出てくるように私もキアゲハは大好きな蝶のひとつ。好みの問題ですが、平凡でありながらその美しさは格別。春型のキアゲハは明るい黄色地に黒い模様（これだけでコントラストとして見事）後翅には青斑と赤斑がちりばめられ、自然の創る美しさにはいつもながら驚嘆させられます。昔、鱗翅学会で選んだ美しい蝶ではミヤマカラス（これまた春型）が第一位になりましたが、これは宝石の美しさ。キアゲハの美しさは春の暖かさを感じさせるホッとした庶民の味とでもいえましょう。ただ第二化からの夏型では姿は大きく、色も黒ずんできて可愛らしさには欠けてきます。

キアゲハ

＊鮮やかな黄色い翅は明るい太陽の下によく似合う。

△キショウブの咲く湿地にはセリが、そしてキアゲハの幼虫も、、、
植生保護区に東側にある。

○主な観察地：
　キャンプ場や苗圃の広い草地上を飛んでいる。

観察記録
1977：4／17、
1978：4／26、
1981：4／8、6／7、7／19、8／7、9／1、
　　　10／4、
1990：4／22mc、
1991：4／9mc、
1992：8／13、
1994：4／4mc、
1995：8／18mc、
1996：7／15mc、
1997：6／2mc、8／24mc、
1998：7／19mc、
1999：4／7ig、4／17、4／27江戸川f、
　　　5／2fu、5／8アシタバ幼、6／1fu、
　　　7／1fu、8／4、9／3、10／2fu、
2001：7／15mc、
2002：4／20、5／19mc、9／14幼、
　　　9／23、9／29、10／5、
2003：4／24、4／27、8／4、8／6、9／27
2004：4／11、5／8、6／19、8／2、8／10
　　　9／13、

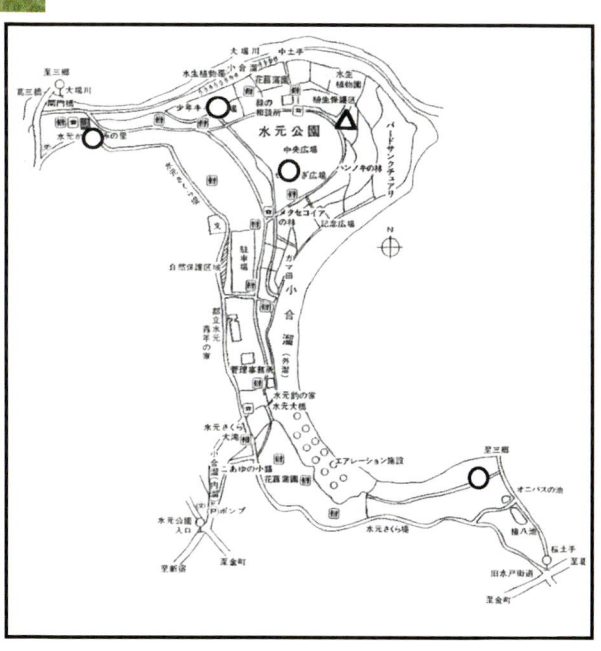

アゲハチョウ科
モンキアゲハ
Papilio helenus LINNAEUS

　1970年代までは葛飾での記録が残されているようです。それが定着していたものか、強い飛翔力でどこからか舞い込んだものかよくわかりません。ただ都内でも目撃例はかなりあるので、水元でも棲みついてもおかしくない蝶の一つです。残念ながらその後の報告はなく私もその姿を葛飾では見たことがありませんでした。その当時、緑の相談所のある場所は古い作業場（ここが管理事務所でもあったと思います）で、山積みされた古材からはカミキリムシが出たり、隣の松林（今の植生保護区）は比較的明るい林で夏にはクサギの花がよく咲いていました。そこにはカラスアゲハやクロアゲハが蜜を吸いに集まっていたものです。こうした黒いアゲハは適度な林間を蝶道として通り抜けていたのですが、おそらくモンキアゲハもその中にいたのかもしれません。もともと南方系の蝶で採集例は東北地方まであるようですが、土着地としては関東北部までと言われています。私自身の確認は栃木県の出流や茨城県の御前山、千葉県の清澄山、山倉湖など。初めて見たとき、大型の黒いアゲハで特に雌の大きさには驚かされました。日本産アゲハチョウの仲間では最大級です。後翅の大きな黄色い紋がよく目立ち、飛ぶその姿は雄大そのもの。はばたく音が聞こえるようです。落ち着いて止ることがなかなかなくて写真を撮るのも採集もままなりません。しばし眺めているうちに彼方へ消えていきました。雌雄のちがいは、その大きさの差もさることながら、翅の色艶でわかります。黒いアゲハの傾向として雄にはツヤがあり、雌にはそれがありません。

　ミカン科の植物が食樹となるので、モンキアゲハの幼虫たちは暖地のミカン栽培農家にとっては嫌われ者と聞いたことがあります。幼虫たちにとっては薬で殺されたり、踏みつぶされたりと理不尽な思いでしょう。ただ自然状態ではカラスザンショウが主な食べ物でそういえば私がモンキアゲハを見るのはいつもカラスザンショウが自生する山中ばかりでした。

　水元公園は確かに大きな緑のオアシスですが、モンキアゲハの動きからいうとまだまだ狭い。ここで再びモンキアゲハが見られたらと思う一方、ここにおさまるような蝶ではない、という気もします。本心は「いいよ来なくても、もっと広いところで気ままに飛んでいたら、、、」というところです。

　さて、そんな思いでいた時（2002.5）連日モンキアゲハが確認されるという珍事がありました。5月の下旬から6月半ばにかけて、ちょうど満開のサンゴジュの白い花にいつもモンキアゲハの飛来があったのです。例によって落ち着きなく花の蜜を少し吸っては飛び去っていきます。これらはいつも雄ばかりですが、雌が子孫を残してくれるかどうかはまだわかりません。食草となるミカンの木はカワセミの里の野草園にもあり、そこにモンキアゲハもよく飛んできていましたから、翌年につながる可能性はあります。

　ところでなぜ今年急にその姿が見られるようになったかは定かではありません。3月半ばからのあの異常陽気に関係はあるのでしょうか。

モンキアゲハ

観察記録
1994：7／22mc、
2002：5／30♂サンゴジュ花、5／31ig
　　　6／1、6／9、6／17f、
2003：5／9ig、8／29、

＊活動的に飛び回るこの蝶は、やはり南の蝶のイメージが強い。（撮影：深川）

△成虫はこのサンゴジュの花によく来ていた。バードサンクチャリーに沿った園内林道。

○主な観察地：
　5月の下旬、バードサンクチャリー沿いのサンゴジュの花に飛来する姿が見られる。

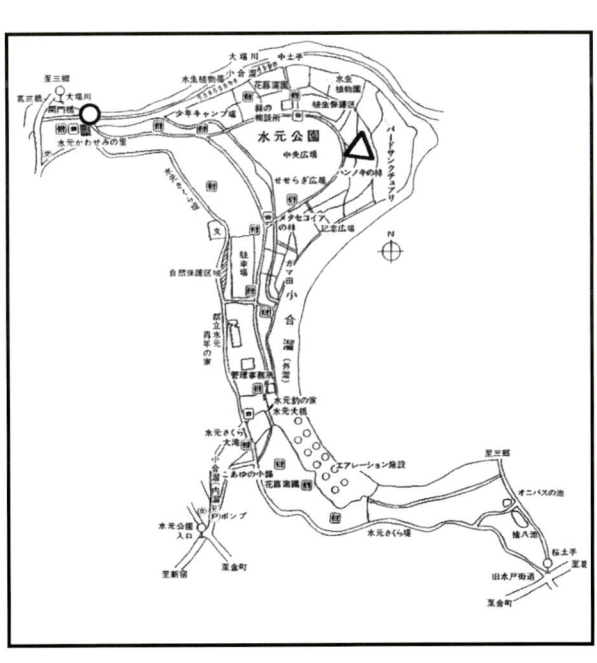

— 33 —

アゲハチョウ科
　　ナガサキアゲハ
　　Papilio memnon LINNAEUS

　５月８日、久しぶりの天気。ツマキチョウの幼虫も大きくなった頃だろうと、いつもの公園散歩道を訪れました。昔は連休後に草刈りがされ、幼虫のついたイヌガラシはすっかり片づけられていましたが、今は行楽客のためか連休前の４月に草刈りがされることが多いようです。それでも生命力のある雑草は初夏を迎えてまたたく間に繁り、産みつけられた卵も昔ほど多くはないイヌガラシに見つけることができます。

　さて、幼虫は？と、、、います、います。スジグロシロチョウの幼虫と一緒にちょっと細長いツマキチョウの青虫。と、その時でした。頭上をよぎる黒い蝶影。クロアゲハかと思ってたら後翅に白い紋があります。おっ、昨年出たモンキアゲハだ、と思う間もなく、よく見ると赤い紋が目立ちます。なんとそれは「ナガサキアゲハ」ではありませんか。

　まさか！　なんで水元に？
　ゆらゆらとまとわりつくように私の周りを数度旋回、そして幸運なことにすぐ目の前の木立にとまってくれました。２メートルほどの高さの絶好の撮影距離。しかし車いすに取り付けたデジカメの位置からは見上げるようになり、どうも具合が悪いので、少し離れてズームで撮ることにしました。さあ、撮ってくれとばかりにナガサキアゲハは動こうともしません。もうちょっと下におりてくれればいいのに。でもシャッターを押すのは今しかありません。デジカメというのは便利なものです。何枚でも無駄を気にすることなくボタンを押して、あとは飛び去るまでながめることにしました。ほぼ１５分後、ナガサキアゲハはゆっくりとその場を離れ、木立の向こうに消えていったのです。

　ナガサキアゲハはその名のように長崎でシーボルトによって発見された蝶です。近畿から南ではよく見られるということですが、関東では非常に珍しい蝶で、今までにいくつかの観察例があるのみです。そんな蝶がなぜ水元で見つかったのでしょう。目の前のナガサキアゲハをながめながら贅沢にも思いをめぐらしていました。

　よく言われる「温暖化」のためにナガサキアゲハもいよいよ関東定着か？　この可能性はまだ早過ぎるようです。それでは低気圧などの移動とともに南方から連れてこられたのか？　これはありそうです。４月下旬から連休中にかけて低気圧移動による記録的な大風が吹いた時がありましたね。よく見ると目の前の蝶は少々飛び古した感じもします。それとも誰かが飼育したものを放したのか？　これもあり得ることですが何とも言えません。いろいろ考えたのですがやはり南方からの迷蝶というのが妥当なところでしょうか。そのほうが夢がありますから。

　ナガサキアゲハは九州では春から秋にかけて年３回程度の発生を繰り返すようで蛹で越冬します。九州から奄美さらに沖縄、南西諸島と南にいくにしたがい雌は白化傾向にあります。食草はミカン類で私も昔、沖縄県・本部半島の民家に近い所で多く見ました。ほかの黒いアゲハ類とちがって特に雌はゆっくりと飛びますが、それはその紋様が体内に毒を持つというベニモンアゲハに擬態しているということから、飛び方まで真似をしているのでしょう。今回見つけたのが雌ということから夏頃の発生もあるかもしれません。ミカンの木の幼虫、アゲハ類の立ち寄る花にも注意を払いたいと思います。

ナガサキアゲハ

観察記録
2004：5／8.1♀、

＊雌の飛び方は非常に緩やかで斑紋も目立ち、他の黒いアゲハ類とはすぐ区別できる。この雌はどこから来たのだろう。

△この遊歩道の左手の木にゆったりと翅を休めていた。

○主な観察地：
　人通りのない遊歩道に身を休める雌をたまたま観察できた。

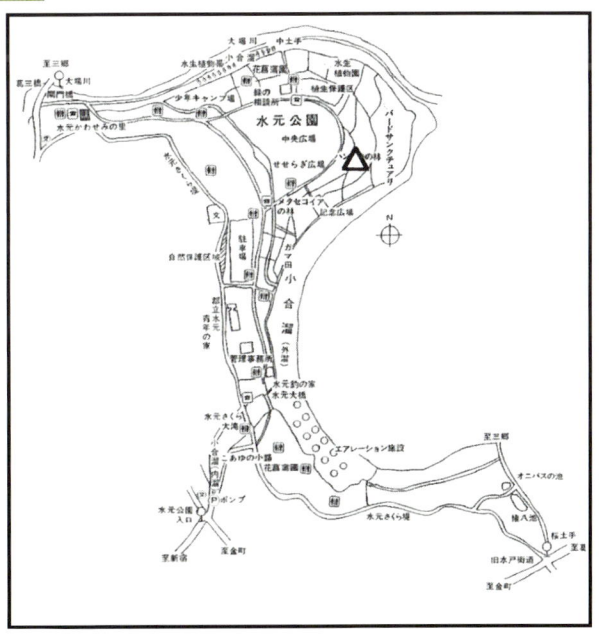

シロチョウ科
## ツマキチョウ
Anthocharis scolymus BUTLER

　水元を代表する蝶のひとつにツマキチョウがあります。20年も前にはそれこそ桜吹雪のごとく草地、林の間を乱舞していました。まだ手入れの十分でない当時の公園では食草のイヌガラシもタネツケバナもいたるところで群生していたのです。その後公園の整備とともに草地はへり、ツマキチョウも数少なくなってきました。これは危ない。そんな頃私はツマキチョウの飼育をするようになりました。と言うのは、毎年5月の連休が過ぎるとツマキチョウの卵のついた食草が、公園管理の関係で根こそぎ刈り取られてしまう光景を目にするようになったからです。

　初夏、幼虫は蛹になりそのまま翌年まで長い期間を過ごして、4月の初めには雄が、その後雌が羽化してその世代を受け継いでいくのです。4月も後半になると交尾ペアや雌の産卵の様子があちこちで見られ、さあここから私の出番です。食草が草刈り機でなぎ倒される前に卵を集めなくてはいけません。1時間も草地を探し回れば数十個の卵が見つかります。どうせ捨てられてしまう雑草、根ごと家に持ち帰りいくつものプランターに植えて飼育の開始です。毎年、蛹をつくっては翌年羽化させ、同じ場所に放していました。さてある年、自宅の羽化袋の中で次々と羽化してくるツマキチョウを見ると、ちょっとおかしなことに気がつきました。雄の前翅の先は普通橙黄色なのに、その部分が黄色い個体がいくつも出てきました。その傾向は次の年も続きました。実は虫を飼育するとそういうことはよくあることで、飼育中の温度、湿度、明暗、餌の量、幼虫の行動空間、蛹の扱いなど様々な環境の違いで、成虫の大きさや形、色に影響を及ぼすことがあるのです。ただその前後も含めいつも同じ状態で飼育し、それはプランターといっても外でできるだけ自然状態で育て、蛹も冷暖房のない室温で保存していたのですから、その時だけ飼育色の異常が出るのもおかしい。もしかしたら遺伝的要素を持ったものがあったのかもしれないと期待もし、その後も飼育を続けました。しかしもう黄色いツマキチョウは出ませんでした。野外の自然状態で採集したものにもたまに黄色いツマキチョウが見つかりますから、そういう遺伝子を受け継いだものがいてもおかしくないわけです。でも結局は単なる飼育色かもしれない、そんな気持ちも持ちながら、わからないままに今に至っています。それにしても翅の先の黄色いツマキチョウは美しく、もともとはこれが本当の「ツマキチョウ」ではなかったのか。実は黄色型はどれも雌で、飼育色ということなら雄にも異常が出ていいはず。また雌の前翅先端部のみに発色するという点にどうもカギがありそう。ご先祖様は橙黄色の雄、黄色の雌だったのかもしれません

　今年もツマキチョウはいつものように顔を見せてくれましたが、異常高温の3月半ば、例年より半月も早く発生しました。決して喜ばしいことではありません。

ツマキチョウ

＊殺風景な公園に毎年春には必ず姿を見せてくれるツマキチョウ、わかっていながら嬉しいもの、、、

＊スマートな青虫はツマキチョウの幼虫。

△園内の散歩道わきには食草のイヌガラシが無数に黄色い花を咲かせる

○主な観察地：
公園北部の林内遊歩道沿いの草地には食草が多く、卵・幼虫の観察も容易である。

観察記録
1977：4／17多、4／29、
1978：4／9、4／22多、4／26、
1981：4／12、4／26、4／29
1990：4／10mc、
1994：4／17mc、4／22mc、
1995：4／8mc、
1996：3／31mc、
1998：4／18mc、
1999：4／9fu、4／14ho、4／17、4／20i
　　　4／25♀多く産卵、5／1、5／2、
2001：3／24、4／11多mc、
2002：3／24、4／6多、4／13、4／20
　　　4／27、
2003：3／30、4／11su、4／13、4／14、
　　　4／19、4／27、5／3、5／5、5／10
2004：3／27、3／28、3／29、4／5、
　　　4／11、4／18、5／8幼虫多、

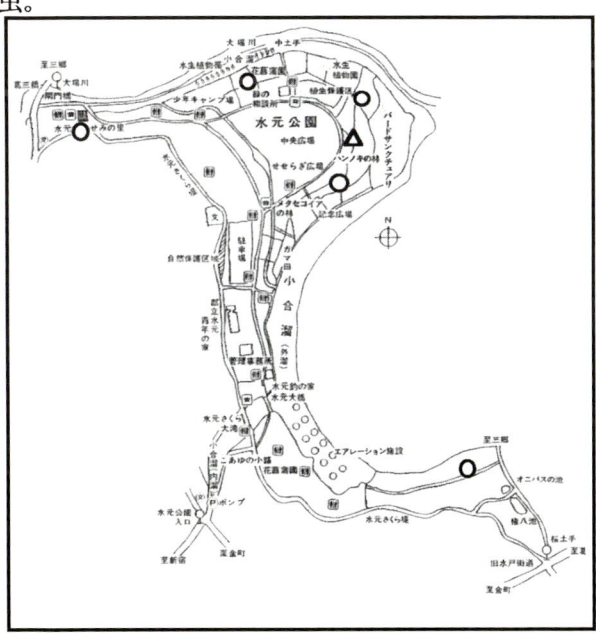

シロチョウ科
## モンキチョウ
### Colias erate ESPER

　モンキチョウの仲間は「Colias コリアス」と呼ばれ北半球中心に北極まで広く分布しています。日本には全国普通に見られるモンキチョウと中部高山帯のみに生息するミヤマモンキチョウの二種類がいます。マメ科の植物を食草とするモンキチョウは、春から秋にかけ土手や空き地のシロツメクサ、アカツメクサの花を次から次へと飛び回っているので誰でも目にしているでしょう。ただその動きはなかなか敏捷でじっくり観察するのはけっこう大変なのです。そこでよく見ていると草原一面の草花の中でも彼らがよく立ち寄る花があることに気がつきます。（本当は自分で勝手に目星をつけるだけのことですが）そ～っとそのそばに近寄り身を伏せ、目標の花を目の前に腹ばいになり、あとは自分も自然の一部になること。ただ物としてそこに自分を置くこと。蝶は人の殺気を感じるようです。蝶を間近に見よう、捕まえてみようと思うと、どうも彼らはその気配を感じて落ち着きません。といっても人の気持ちは「見たい」という一心ですから、すでに普通の目ではいられません。それでもとにかくじっと見たいのですから、あとはいかに相手をごまかすか、「おまえ（蝶）なんかに関心ないよ～」というそぶりでさりげなく目を向ける、これが自然観察のコツ？　さていったん自然の一部に溶け込めばそこにはすばらしい世界が広がること間違いありません。実際青空の下、草原に寝転んで無心の一時を過ごしていると、ここはもしかして霧ヶ峰か美ヶ原？なんていう気持ちにもなってきます。目の前ではモンキチョウがストローを伸ばして蜜を吸う姿がテレビ画面のように見えます。子供たちがよくシロツメクサの花で環をつくりますが、それを頭にかぶせて草原に座っていればモンキチョウのリボンがやってくるかもしれません。

　地色の黄色が雄、白色が雌で翅の外縁には黒い帯があります。そこに地色と同色の斑点があるのがモンキチョウで、黒一色はミヤマモンキチョウです。もっとも東京にミヤマモンキチョウがいるわけもないので間違えることはありません。雌の中には黄色型がたまに見られますが、雄の黄色ほど色は濃くないのでこれも見間違えることはないでしょう。食草の関係でどこでも多く見られますが、水元青年の家の北側大駐車場ができる前、そこは広い草地でまさにモンキチョウの園であったのを覚えています。今は公園北部のキャンプ場が主な観察場所でしょう。

　モンキチョウの「モン」は前翅にある黒い「紋」ですが、後翅の中央にもオレンジ色の可愛らしい紋があります。たまにそのオレンジ色が消失して白い紋になったり、さらには紋そのものが消えている個体を見たことがあります。じっくり見ていると色々な発見があるものです。

モンキチョウ

＊真っ赤なヒガンバナに黄色の蝶。どちらも鮮やかで思わずみとれてしまう。

＊雌のそばをウロウロする雄はしばらくして空しく飛び去っていった。

○主な観察地：
草地上を勢いよく飛び回り、花にもよく来るが落ち着きがない。

観察記録
1977：4／2、
1978：4／9、
1981：4／26、5／10、6／7、7／23、
　　　8／9、9／15、10／24、
1996：12／7mc、
1997：5／27mc、7／21mc、
1998：6／21mc、8／16mc、
1999：3／18fu、3／23su、4／7ig、4／27
　　　江戸川f、6／10fu、7／1fu、8／17fu
　　　10／1、11／5、
2002：4／13、5／19mc、7／14、8／24、
　　　9／149／23、9／29、10／5、
　　　10／6、10／15、10／28mc、11／4
2003：4／13、6／22、8／31、9／16、
　　　9／27、10／5、10／19、11／2、
2004：3／28、3／29、4／5、4／11、
　　　4／18、5／8、5／15、5／23、
　　　5／24、6／5、6／14、7／12、8／2
　　　8／10、8／21、9／13、

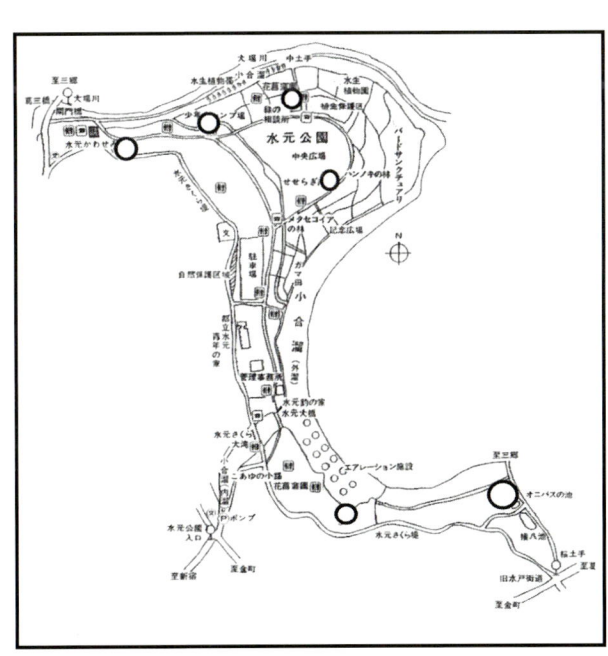

シロチョウ科
## キチョウ
### Eurema hecabe LINNAEUS

　最近キチョウの姿が少なくなってきたように思うのですがどうでしょう。春から秋にかけて水元でもよく観察されていたものです。幼虫が食べるマメ科のハギ類やネムノキ・アカシアなど食草は都会でも困ることはないと思うのですが、生活環境の微妙な変化が影響しているのでしょうか。
　キチョウはシロチョウの仲間でも比較的小型で翅も弱々しい感じがします。ところがこの蝶は厳しい冬の間を成虫で過ごすというのですから驚きです。もともとアフリカからアジアの熱帯・温帯にかけて生息するキチョウは特別な越冬態を持たずに北進し、たまたま分布北限の日本では成虫の時期と寒い冬の季節と運悪く重なって、越冬のしくみが定着したのかもしれません。成虫で越冬する蝶はタテハチョウ科のようにどちらかといえば力強いものが多く、冬の暖かい日にアカタテハなどが実際庭に飛び出してくるのを確認することがあります。それに対しキチョウの冬季の活動例はほとんど観察されてないようです。俳句でいう「凍蝶」（いてちょう）は厳しい寒さにも関わらず元気に生き抜くタテハチョウのような蝶を指すのか、それともじっと寒さに耐えて生きながらえるキチョウのような可憐な蝶を指すのか、「凍蝶」を読む人の気持ちで判断の分かれるところです。

　　「凍蝶の夢は遥かな空にあり」妙女
　　「目覚めなぞ無きかも知れず凍し蝶」妙女
　　「凍蝶のふと翅つかふ白昼夢」節子

　成虫で冬を越す蝶は一般に秋にその数を増します。ですからキチョウを見る機会も秋が圧倒的に多く、昔埼玉の正丸峠にハイキングに出かけた折、林道で1メートルほどの立ち枯れた草（？）に数十ものキチョウの蛹が鈴なりについているのを見つけビックリしたことがあります。それらは皆羽化の後、越冬をするはずのものですが、どのくらい羽化してどのくらい春まで生き残れたことやら。そうした姿も見られなくなる初冬のある日、ふとキチョウ成虫を見つけました。枯れたツル草のからまった薮の中に周囲の色にそぐわない黄色いものがあります。よく見るとそれはキチョウでした。地上から30センチほどのところで近づいてもじっと動く気配はありません。本格的にここで越冬するつもりなのか、単に一休みだったのかわかりませんが、薮の中に入り込んでいる様子は越冬場所の一例と考えてもいいのかもしれません。過去の観察例でも植え込みなどの地表に近い部分での越冬が確認されています。写真には収めましたが悔やまれることにその後の確認をせずに過ごしてしまいました。
　冬のキチョウの可憐さは翅の斑紋の変化にも感じられます。夏型のものは黄色い地色にはっきりとした黒い縁どりがあり、そのコントラストは元気者という印象を与えます。それが何回かの世代を繰り返すうち季節とともに細く消えていき、秋型ではついに黄色一色になってしまうものもあります。また雄とくらべて雌は淡い黄色なので一層弱々しく見えてしまいます。
　厳しい冬のない南西諸島にも同じようなキチョウがいますが、これはタイワンキチョウで年間を通して見ることができます。両者は多少棲み分けをしていますが一緒に飛んでいるとほとんど区別がつきません。よく見るとタイワンキチョウのほうが少し（特に雌は）大きく、後翅の外縁がキチョウでは角度がついているのに対し、こちらは丸く曲線となっているのでどうにか区別がつきます。見知らぬ土地に出かけた時はいつも新しい発見があるつもりでいたほうがいいですね。自分が常識と思っている以上に自然はとてつもなく奥深いものですから。

キチョウ

＊秋の深まる頃、寝ぐらを求めて枯れ薮の中に潜り込んでいた。

△食草となるマメ科の草木はあちこちにあるが、中でもサイカチは大きな樹木で毎年見事な実をつける。

○主な観察地：
　草地を好むモンキチョウに対し、林縁で見る黄色い蝶はキチョウであることが多い。

観察記録
1978：4／9
1981：4／26、7／14、8／7、9／13、
　　　10／19、11／1
1986：10／26
1991：10／11mc
1993：10／31mc
1995：8／25
1998：6／21mc、7／19mc
1999：4／9fu、4／17、5／17fu、6／8
　　　7／1fu、8／4、9／3、10／1fu、
　　　11／5
2002：6／17f、9／14、10／5、10／6
　　　10／12、10／27、11／4
2003：3／19su、8／7、8／31、9／3
　　　9／16、10／5、10／19、11／16
　　　12／7、12／23ig
2004：3／28、3／29、4／11、4／18
　　　7／12、

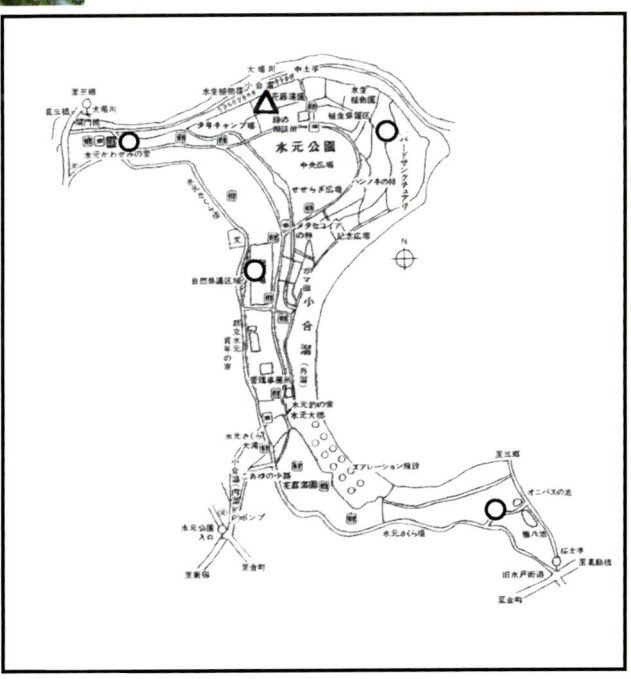

シロチョウ科
## ツマグロキチョウ
### Eurema laeta BOISDUVAL

　葛飾から姿を消して久しい蝶にツマグロキチョウというシロチョウ科の仲間がいます。私が水元で確認したのも20年以上も前になる1980年頃です。最近葛飾周辺地域の資料を調べていたら他でも記録はあるようでした。足立区、江戸川区、市川市などどこも荒川や江戸川という大きな河川に接している地域です。しかし今はどこでも絶滅してしまったのでしょう。最近の記録はありません。河川に接している地域というのは、実はツマグロキチョウの幼虫が食べる食草に関係があります。食草はカワラケツメイ。マメ科の一年草で、その名の示すように原野や河原の日当りのよい場所に群生するので、昔は東京周辺の河川の河原でも多く見られたにちがいありません。ケツメイとはおかしな名前ですがこれは中国の生薬名「決明子」に由来するということで、日本でも昔から利尿の薬としてお茶のようにして飲まれてきたと言います。

　さて、どこでも見られそうな雑草ともいえるカワラケツメイではありますが、荒れ地、原野はもちろんのこと、主な群生地である河原も河川改修などの影響で最近はほとんど見られないのが現実です。またカワラケツメイはあってもツマグロキチョウの姿はないというのは、河川氾濫などでいったん生息地が奪われた時、カワラケツメイはそこで再生しても、ツマグロキチョウは他所から移動してこないかぎり復活は望めないということなのでしょう。ツマグロキチョウの弱点はその偏食にあります。キチョウはネムノキがなくても他のマメ科植物で生きていけるのですが、ツマグロキチョウはカワラケツメイがなくては生きていけません。食草の種類をふやし生息地を広げていくという戦略をとらなかった弱さは、ツマグロキチョウにかぎったことではありませんが、生存競争の厳しさを感じさせられます。

　よく見られるキチョウにその姿は似ていますが、キチョウと較べ大きさは少々小振り、特に9月以降に発生する秋型は前翅の先がとがり（その部分が黒いのでツマグロ）、後翅の外縁も角張っているので区別がつきます。また色もよく見るとツマグロキチョウのほうが濃い黄色であり、翅の裏には波模様があって、翅を閉じてとまる様子を見てすぐにわかります。ただしこれは「その気になって」見れば、ということです。他の虫たちでも同様ですが、人の目に気付かれずに意外なところで生きていた、ということになればいいのですが。秋型はキチョウと同じようにそのまま成虫で越冬することになります。生息地ではほとんど食草群落を離れず、ゆるやかな飛び方で群れている様子が観察されますが、その後分散して秋の深まりとともに姿は見られなくなります。

　カワラケツメイの確認（河原で8月黄色いマメ科らしくない花をつけるものは、この花以外にあまりない、とのこと）と、キチョウらしき姿があった時には、もう一歩踏み込んで観察してみると、「もしや！」が新発見になるかもしれません。

ツマグロキチョウ

△この柵の向こうは今バードサンクチュアリーで水路の多い所だった。ツマグロキチョウは一番奥の埼玉県三郷市に接する岸辺で見つけた。

観察記録
1976：10／1.2 ♂

[ツマグロキチョウ]
　これは秋型で、夏型は前翅先端が丸みをおびていてキチョウとまちがいやすい。

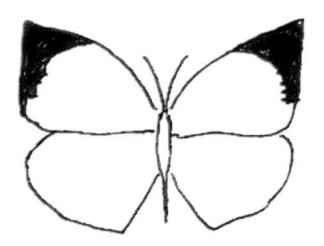

[キチョウ]
　夏型、秋型の翅形の差はほとんどないが、秋型では黒い模様がほとんど消える。

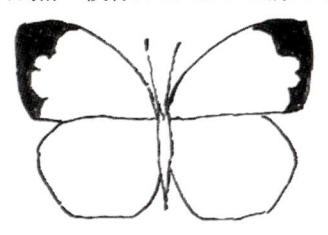

○主な観察地：
　現在のバードサンクチュアリーの奥、川に沿った草地。今は立ち入ることはできない。

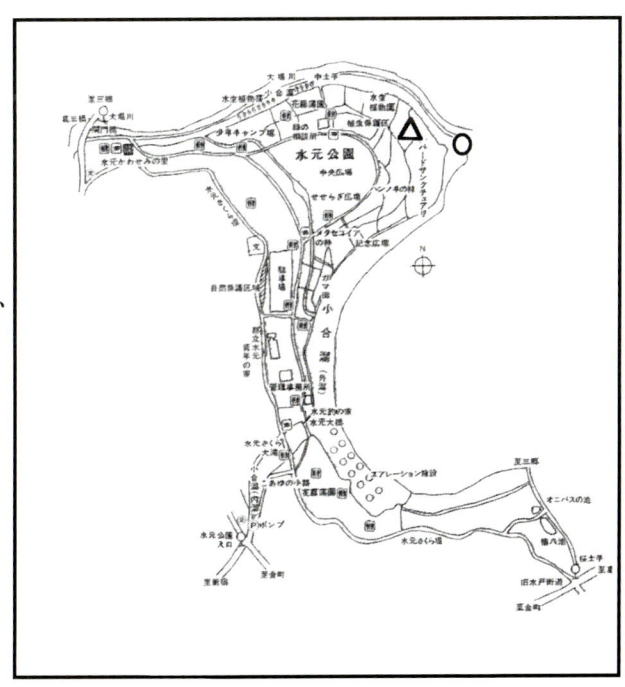

タテハチョウ科
　　　　　ミドリヒョウモン
　　　Argynnis paphia LINNAEUS
　　　オオウラギンスジヒョウモン
　　Argyronome ruslana MOTSCHULSKY
　　　　　ツマグロヒョウモン
　　　Argyreus hyperbius LINNAEUS

スミレとヒョウモンチョウ類
　水元公園ではヒョウモンチョウの仲間は今までミドリヒョウモン、オオウラギンスジヒョウモンがよく観察されています。そして2001年はかなり昔に1例だけ観察例のあるツマグロヒョウモンが多くの人たちによって観察されました。（1♀：10月4日、涼亭前のキバナコスモスに訪花、五十嵐撮影）
（12月上旬：本種らしき蝶を中川土手で確認という情報あり）
このことから10月以前に水元に飛来してきたことは確かですが、12月の目撃は葛飾2世代目なのか、あるいは新たに飛来したものが遅くまで生き残ったものなのか興味のあるところです。
　ツマグロヒョウモンは南西諸島を中心に生息し、ヒョウモン類では珍しく南方のチョウです。ただ本州のほとんどの県でも飛来記録はあり一時的発生が確認されている地域もあります。最近筑波山での記録も昆虫専門誌にありました。九州、四国では普通に見られるといいますから関東あたりに飛来したり、食草があれば越冬は無理としても一時的発生は十分に考えられます。

　さて　そこで水元公園では、、、
　ヒョウモン類の食草はスミレの仲間が中心です。水元公園で確認されているスミレは次の10種。[スミレ、アオイスミレ、タチツボスミレ、ツボスミレ、ヒメスミレ、ノジスミレ、コスミレ、アリアケスミレ、ニオイスミレ（外来）、パピリオナケア（外来）]

　この中で多く見られるのはアオイスミレ、ツボスミレ、タチツボスミレ、ニオイスミレの4種類とのこと。一方水元で確認された3種のヒョウモンチョウが好むスミレはというと、（原色日本蝶類生態図鑑Ⅱ：保育社によれば）ミドリヒョウモンは[スミレ、シロスミレ、ニオイスミレ、アケボノスミレ、エイザンスミレ、タチツボスミレ]で特にタチツボスミレを好むといいます。オオウラギンスジヒョウモンはタチツボスミレのみを好むとされ、そしてツマグロヒョウモンは[スミレ、アカネスミレ、シハイスミレ、リュウキュウスミレ、栽培種のサンシキスミレ、ニオイスミレ]となっています。

　こうみると3種のヒョウモン類の食草は用意されているように思えます。特にミドリヒョウモンとオオウラギンスジヒョウモンは水元でも多いとされるタチツボスミレを最も好みとするわけですから、一時的発生はもちろんのこと、越冬して世代を繰り返しているかもしれません。残念ながらまだ越冬状態の確認はされていませんが、今後の観察に期待ができます。ツマグロヒョウモンについては食草となるニオイスミレが多いとしながらも実際は期待できません。というのはもともと南方のチョウは非休眠、すなわちきまった越冬態を持たない（活動を止めない）ので寒い地域では冬を越せないからです。観察例の少なさからいっても偶然飛来してきたものと考えるのが妥当といえるでしょう。ヒョウモンチョウの仲間はどれも花の蜜が大好きです。秋の水元公園ではコスモス、ブッドレア、フジバカマ、セイタカアワダチソウなどでその姿が見られるでしょう。

ヒョウモンチョウ類

*夏、新鮮なオオウラギンスジヒョウモンが訪れ、翅裏の模様をしっかりと見せてくれた。

*秋も終わる頃、ボロボロの姿でどこから水元に辿り着いたのか。ここがオオウラギンスジヒョウモンの最後の場所となるのだろう。

*ミドリヒョウモンはよく見られるヒョウモンだが毎年水元に来るわけでもない。

観察記録
ミドリヒョウン
1997：9／26mc、
2000：10／4、10／8、
2004：9／6、

オオウラギンスジヒョウン
1981：10／3.1♀oo、
2002：9／14かわせみの里ブッドレアに
2003：10／5♀

ウラギンヒョウモン
2002：9／29、かわせみの里ブッドレア

ツマグロヒョウモン
2000：10／4涼亭キバナコスモス1♀撮影ig
　　　12／上旬中川土手、

〇主な観察地：
　公園内のブッドレアの花にはヒョウモンの姿が時々見られる。

タテハチョウ科
　　　ウラギンヒョウモン
　　　Fabriciana adippe
　　　DENIS & SCHIFFERMULLER

　2002年9月29日、かわせみの里裏「植物見本園」に立ち寄ってみました。ブッドレアの花に来る蝶を観察するためです。ヨーロッパではこの花のことを「バタフライフラワー」と呼んで、虫の集まる植物としてどこでも見ることができます。ベネルックス三国（オランダ、ベルギー、ルクセンブルグ）を鉄道で旅をしていた時、沿線一帯にブッドレアが植えられ、列車が通り過ぎる時に風で吹き上げられる蝶がいくつも見られたのが印象的でした。水元公園にも何か所かブッドレアが見られる場所があるのですが、時々どこかに移転させられてしまうのが残念です。

　さて、かわせみの里のブッドレアを見てみると「オッ！」と驚きました。まぎれもないヒョウモンチョウでした。しかも今までよく見られたミドリヒョウモンとはちがいます。それは裏面の模様ですぐわかるのです。ブッドレアの蜜を吸いながらゆっくり開閉する翅の裏には銀色の紋がいくつもあるではありませんか。ウラギンヒョウモンとすぐわかりました。今まで葛飾で確認してきたヒョウモンはミドリヒョウモン、オオウラギンスジヒョウモン、ツマグロヒョウモンの3種ですが、ウラギンは初記録。残念ながらカメラは手元になく、ならば人を呼んでネットで採集しておいてもらおうと思っているうちに、、、満足したのかウラギンヒョウモンはブッドレアを飛び去って裏手に消えていきました。

　ウラギンヒョウモンは都内での記録はほとんどなく大変珍しい蝶で、資料を見る範囲ではこの四十年前後は記録がありません。それは他の多くのヒョウモンと同じようにウラギンヒョウモンも山の蝶だからです。こんな都会までやってきた経緯を知りたいものですが残念ながら知る術はありません。実は山に行くと最も目にするのはこの蝶です。信州の高原の花々に舞うヒョウモンチョウは大変多く時には一つの花に数頭のヒョウモンが集まっていることがあり、そしてその多くはウラギンヒョウモンであることがわかります。ところでウラギンヒョウモンとそっくりなヒョウモンチョウがいるので気をつけねばなりません。ギンボシヒョウモンといって、後翅裏面の銀紋の配置がほんの少しちがうのです。翅の付け根の部分の銀紋が3つ並んでいるのがウラギンで、真ん中の銀紋が外側にずれているのがギンボシです。かわせみの里でのヒョウモンはその裏面をはっきりと見せてくれたのでウラギンヒョウモンと判断できたわけです。もうひとつオオウラギンヒョウモンという似た蝶がありますが、これは大型で西日本の一部にしか生息しない絶滅危惧種でもあり関東で見間違えることはありえません。ヒョウモンは高原の蝶というイメージが強いのですが、日本全国に生息するウラギンヒョウモンとちがい、より寒地性の強いギンボシヒョウモンは北海道と中部を中心とした高山でしかみることができません。ですから都会に迷い込む可能性もウラギンヒョウモンのほうがあるということが考えられます。

　年に一回だけ6月頃に発生して、夏場は一時姿が少なくなりますが、また9月頃に草原の花々を飛び回ります。そのうちのひとつが水元に迷い込んできたのは本当に偶然でしょうし、それをまたたまたまかわせみの里で見るなんて、これまた偶然。「蝶に会いたい」というこちらの気持ちをくんでくれている？ようでうれしくなります。もう二度と巡り会うことはないかもしれないのですからね。

タテハチョウ科
コミスジ
Neptis sappho PALLAS

　この蝶の飛び方は一度見たら忘れられません。ヒラヒラスーィ、ヒラヒラスーィ。まるでアイススケートの初心者が氷の上を危なげに滑るように、林の周辺を目の位置より少し高い所でゆっくりと飛んでは枝先の葉に止ります。私の手元には1981年7月17日と10月4日の目撃・採集記録があり、そのうちの標本一つは現在「かわせみの里」にも展示してあります。それ以前にも確認はしていますがその後の記録がどういうわけか見当たりません。1980年前後（昭和50年代）は公園が大きく変貌していく時代で、そのことと決して無関係ではないのでしょう。1983年にNHK教育テレビの「みどりの地球」という番組で水元公園の収録をしたのですが、公園を案内する私の背景にはブルドーザーが騒音をたてながら地ならしをしいている様子が映しだされています。本当は「都会の公園にもこれだけ自然が残されている」ということを訴えたかったのですが、ディレクターとの相談で副題が「チョウはどこへ行った」となったのを覚えています。事実この頃を境に見られなくなった蝶がいくつかあり、環境の変化がすぐ生き物に影響してくることがわかります。

　コミスジは決して特別な蝶ではありません。食草は主にマメ科の植物でクズ、ハギなどですから、都市周辺の平地でも多少自然が残っているところならけっこう見られるのです。しかしそれがまたこの蝶の弱点でもありちょっとした開発で消えてしまう危険をはらんでいることにもなります。高山の蝶とは別の意味で平地の蝶には十分気をつけなくてはいけないのに、どうも世間の取り扱いは逆と言わざるをえません。タテハチョウの仲間でもコミスジは弱々しい感じで、一度姿を消すと他所から舞い戻ってくる可能性は薄いのです。ただ公園整備がある程度終結した今、お隣の市川市、松戸市あたりから飛んでくることがあれば、また葛飾で復活ということも考えられるでしょう。

　コミスジ属Neptisはユーラシア、アフリカ、オーストラリア大陸まで広く分布しており、どれも黒茶色の地色に白い条をつくるという一見区別しにくい紋様をしています。コミスジは「三本の条を持った小型（モンシロチョほど）の蝶」で北海道から九州まで、それに似たリュウキュウコミスジは奄美諸島から南と棲み分けしており、裏面のチョコレート色がリュウキュウコミスジでは明るいので区別できます。他に似た仲間はミスジチョウ、オオミスジ、ホシミスジ、フタスジチョウでこれらは基本的に山地性のものですから、葛飾で間違えることはないでしょう。一度図鑑で見比べてみてください。前翅の付け根からのびる一本の白条だけを見ればその違いがわかります。

　コミスジの食草はどちらかと言えばいわゆる雑草に近いもの。「雑草を育てる」とはおかしな言い方ですが、雑草ならなんでも刈り取っていいわけはありません。雑草が多くの生き物を支えていることも忘れてはならないことで、都会の公園の在り方が問われるところです。「雑草」という植物は存在しないことも付け加えておきましょう。

タテハチョウ科
　　イチモンジチョウ
　　　Limenitis camilla LINNAEUS

　もしアゲハチョウやモンシロチョウがある時見られなくなったとしたら、多くの人たちはその環境変化に気付き、愕然とするでしょう。そしてその時その問題点をあれこれとつつきあっても、もう手遅れであることが普通です。おそらくおなじみのモンシロチョウだからそうしたニュースになるのかもしれません。（モンシロチョウの姿がひとつもない菜の花畑はちょっと不気味ではありませんか）ところが同じ様なことが日常徐々に進行していることに世間はあまり気付いていません。特に多くの人たちにとって関心の外にあることであればなおさらでしょう。自然観察を続ける人たちはそれを実感しているのですが。
　イチモンジチョウが水元で見られなくても誰も不思議には思わないし、せいぜい「イチモンジチョウって何者？」という反応がいいところです。私が水元でこの蝶を最後に確認したのは　1980.8.12　1981.9.23／10.11　でした。前にも触れましたが、この時期水元公園は大改造の真っ最中。その影響があったであろうことはほぼ間違いないでしょう。でもそんなことを気にする人もなく、「イチモンジチョウなど最初からいなかったんだ」と簡単に片付けられそうです。大方はイチモンジチョウなどいてもいなくてもどうでもいいこと、と思われますが、大事なのは「環境変化」が確実にあったという事実、それはいつか人間生活にも影響するだろうという認識を持つことです。私にとってはイチモンジチョウが見られないこと自体も大問題ですが、、、
　　古いグチ話はこれくらいにして、、、

　イチモンジチョウの食草はスイカズラです。山野やちょっと郊外に出れば道端でも見られるつる性の低木で、水元でも日枝神社（今の植生保護区）あたりにありました。イチモンジチョウが観察されるのもその周辺で目の高さあたりを緩やかに飛び、花の蜜が大好きで白い花によくとまります。そんな時、ゆっくりと翅を開いたり閉じたりして、いかにもオイシソ〜。
　さて名前の由来は、黒い翅に縦に一文字の白紋を持つことからつけられた名前ですが、日本では同じ仲間にオオイチモンジとアサマイチモンジがあります。オオイチモンジは奥日光や上高地に生息（北海道では平地でも）する高山蝶ですからめったにお目にかかれるものではありませんが、アサマイチモンジはイチモンジチョウと混生していることがあるので、見間違えることがあります。食草も同じスイカズラで、姿、色、模様もほとんど同じです。アサマイチモンジは前翅の中央にひとつだけ目立つ白紋があるので区別ができますが、飛んでいる状態では区別は困難でしょう。イチモンジチョウとくらべて生息地域はかなり限られているようですが、実は葛飾でも昔の記録がありました。私自身は見たこともないのですが、1970年代に観察されたという資料があります（東京都の蝶：西多摩昆虫同好会編　詳しいデータは不明）。水元でイチモンジチョウといっしょに飛んでいた可能性は十分に考えられます。

　最近、蝶の分布拡大（特に南の蝶の北進）がニュースになることがありますが、地球温暖化や人為的移動など決して好ましい理由ではありません。食草がそこにあるのだから他所から蝶をもってくれば住み着くだろう、という考えもあります。しかしギフチョウの例でも見られるように、同じギフチョウでありながら全国市町村ごとに顔つき（形、紋様など）が微妙に異なる蝶もいるのですから、安易な行動は慎まなければいけません。イチモンジチョウも場所によって白い一文字の太さが違うようですから、地方から人為的にもってきて「水元の蝶」としていいものか。
　残念ながら今イチモンジチョウは水元では見られません。私たちができることは、いつ戻ってきてもいいように昔と同じような環境を用意して待っていることでしょうか。心もとない対応ではあります。

コミスジ

観察記録
1981：7／17.1♂oo、10／4.1♂

＊（写真はさいたま市秋が瀬公園）

イチモンジチョウ

観察記録
1980：8／12
1981：9／23.1♂ta、10／11.1♂ta

＊（写真はさいたま市秋が瀬公園）

○主な観察地：
　両種とも古い記録になるが、現在の金網で囲まれている植生保護区ができる以前、日枝神社の林の中で観察・採集されている。

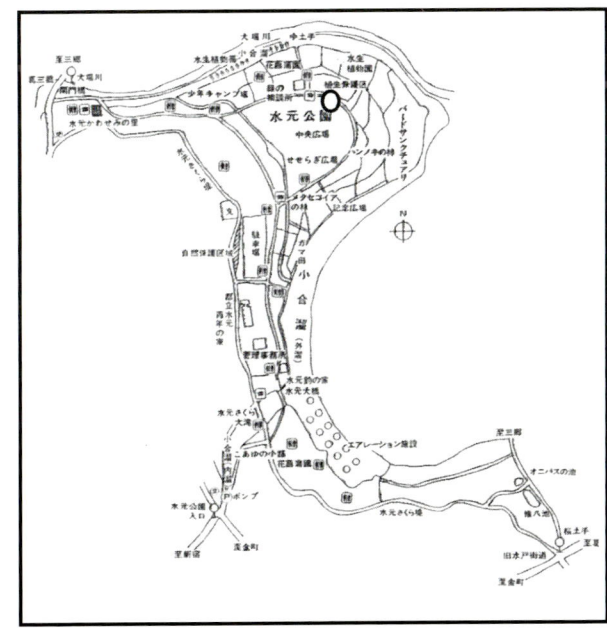

タテハチョウ科
ヒオドシチョウ
Nymphalis xanthomelas
DENIS & SCHIFFERMULLER

　以前は時々見られたのに最近はさっぱりその姿をみせてくれない、でもきっとどこかにいるはずだと期待しているのがヒオドシチョウです。姿が確認できない大きな理由の一つは私自身が最近観察に出ていないということもあるのですが、自然観察を続ける多くの人たちからも生息のニュースを聞くことはありません。そんな中、今年ヒオドシチョウらしき姿を浅間神社跡の林で見たという話を聞き少し希望がわいてきました。
　もともとヒオドシチョウの姿が見られることが少ないのはその生活様式によります。成虫で越冬した後、食樹が芽吹く頃に卵を産み新成虫は5〜6月に登場します。そしてほんの半月もすると夏眠のために何処とも知れず姿を消してそのまま越冬、また春を迎えることになります。要するに1年1回の発生で活動期間も非常に限られているというのが人の目に触れることの少ない主な原因でしょう。しかし今の水元の環境から考えれば春から初夏にかけての注意深い観察で、再確認の可能性は十分にあるといえます。
　私自身の観察例では越冬成虫を見たのは4月の初め、ポカポカと暖かい午前中、翅がかなり傷んだ成虫が林縁を飛びながら時々地面で休んでいる様子でした。新成虫は梅雨に入る前のもうかなり暑い時期に活発に飛び回る姿を観察しています。いずれも公園奥の苗圃のあたりです。岐阜県の瑞浪市の丘陵地でギフチョウの観察に出かけた時はいくつもの越冬成虫を見ましたが、それも春休みの頃でした。瑞浪の例のようにもともと落葉広葉樹林を生息地とする蝶ですから都会の住宅地に囲まれた水元での生息を望むのが無理なのかもしれません。しかし蛹が小合溜に沿って並ぶアキニレの枝先についているのを発見したこともあります。1980年6月10日梅雨の晴れ間のことでした。そうなんです。水元公園にはヒオドシチョウ幼虫の食樹となる樹が沢山あります。ヒオドシチョウの発見は迷蝶として偶然飛んできたものではなく、確実にここで発生したものなのです。食樹となるのはニレ科のエノキが主なものでアキニレ、ハルニレそしてヤナギの仲間。水元公園は食樹でいっぱいではありませんか。
　活動期間もあまりないと思えるのにどういうわけか翅の傷んだ成虫は、水元でいえばツマキチョウのころに越冬から目を覚ましてくるのでしょう。エノキやニレノキもそろそろ芽吹きだし、母蝶はおいしそうな新芽の出てくる枝先に何十もの卵を塊で産みつけます。淡黄色の卵たちはやがて茶褐色に色を変え、そこからはほぼいっせいに小さな黒い毛虫がふ化してきます。彼等はその後ほとんど集団で葉を食べ歩きます。タテハチョウの幼虫はたいていがあまり見栄えのしない毛虫状態で虫の苦手な人には「これが美しい蝶になる」とは思われず、まとめて捨てられてしまいそうです。終齢になるとそれぞれがより個性的な毛虫になり蛹になるための場所を求めて分散していきます。あるものは食樹を離れ、あるものはそのまま下枝で蛹化（ようか）します。そんな蛹のいくつかに運良く私も巡り会えたわけです。そして初夏新鮮な成虫がまた水元を飛び回り、また消えて、、、。
　ヒオドシチョウという名前はもちろん「ヒオドシの鎧」の色（緋色ひいろ）からきていますが、その姿形、あっという間に消えてしまう謎めいた生活、タテハチョウ特有の力強さなど鎧に身を固めた武士に例えられるにふさわしい命名といえるでしょう。皆さんの地道な観察で「消えた武士」をぜひ探してください。

ヒオドシチョウ

観察記録
1980：4／12、6／10大場川アキニレに蛹
　　　　6／15、
1981：6／13.3♂

△小合溜沿いのアキニレの枝にいくつものヒオドシチョウ蛹がついていた。

○主な観察地：
　エノキ、アキニレなど食樹のある北部で見られるが、出現時期が一時的で観察例は少ない。

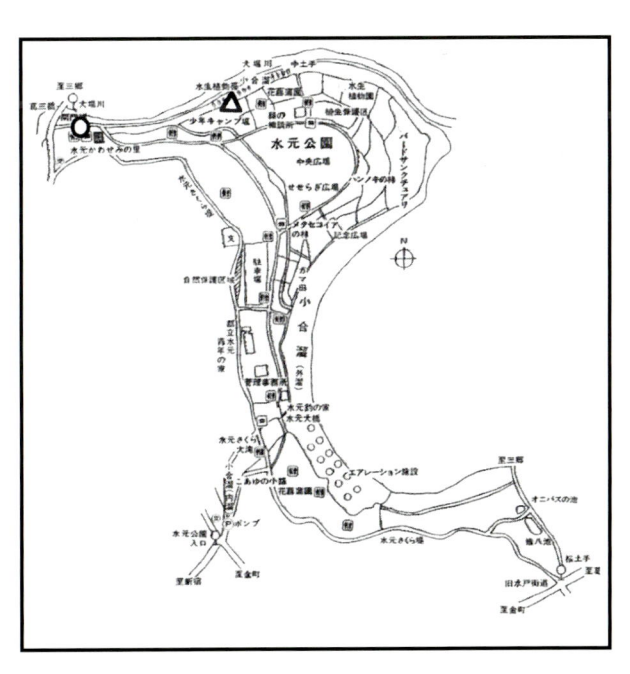

タテハチョウ科
キタテハ
Polygonia c-aureum LINNAEUS

　チョウの季節型についてはよく話題になるところですが、キタテハは夏型と秋型ではっきりとした違いを持つチョウです。成虫で冬を越し食草のカナムグラが芽を出す4月頃に産卵、そして最初の夏型成虫が出現するのは6月の初めころでしょうか。9月頃発生するものは秋型になっているようです。季節型は日の長さや気温に微妙に影響されると言われており、6月下旬の夏至の頃、7、8月の高温期にどういうサイクルステージで（卵、幼虫、蛹、成虫期）過ごしていたのかがポイントになると思われます。キタテハの夏型は地色が表裏とも淡い黄褐色、秋型は赤銅色が強くなり、この頃のキタテハを見るといつも秋の深まりを感じるものです。翅の凹凸も秋型では一層強くなり、これから冬に向かう力強さを感じさせてくれます。後翅の裏には銀色で"C"の文字が刻まれているのが印象的ですが、同じグループでそのCから名付けられたシータテハというチョウにその特徴は顕著に出ています。シータテハは山地性のチョウで形も小さく翅の凹凸はさらに深くなり、まるでボロボロのチョウに見えますが、これで立派な姿なのです。キタテハと見間違えることはありません。

　以前、水元公園では今以上にたくさんのキタテハが見られました。雑草地を覆うように繁るカナムグラや、秋のセイタカアワダチソウには無数の成虫が群れ飛んでいました。ところがトゲトゲのついたツル性のカナムグラや、繁殖力が強く健康にもあまり良くないとされたセイタカアワダチソウは、人のためにも他の植物のためにもジャマ者とされ公園から締め出されてきました。当然キタテハの姿を見ることも少なくなりました。特に食草であるカナムグラが繁茂する雑草地の減少は痛手です。今ほとんど手付かずでいるのは中土手やサンクチュアリー内、公園周辺の手の届かない境あたりでしょうか。でもあまり心配もしていません。食草を遠く離れることのないキタテハですから今の環境だけでも維持されていればいなくなるということはまずないだろうと思っています。公園管理の手がすこしでもゆるめば、カナムグラは進出し、キタテハも大量発生するだろうとひそかに期待をしているのですが。

　ところでタテハチョウの中では最も目にすることの多いキタテハではありますが、その生態にふれる人はあまりいないでしょう。大きな原因はやはり食草のカナムグラにあるのかもしれません。目の前にキタテハがいて食草もあるのに、あのカナムグラの中に入っていこうとする人はあまりいませんからね。たとえば交尾はそのカナムグラの繁みの中にもぐってされることが多く、卵も無数にある葉に一卵ずつ産みつけられるのですから見つけるのは大変なことです。幼虫も巣を造って生活します。もっとも慣れれば葉脈を噛み切って袋状に造った巣を見つけ、その中にいるトゲトゲの幼虫を見つけるのは難しいことではありません。蛹もその巣の中か繁みの中で造られます。要するに成虫以外はあまり人の目にふれることはないのです。越冬期の成虫はもちろん繁みに隠れており、これを見つけるのは最も困難のことです。

　私が越冬状態を観察したのは一度だけあります。ある3月初め、キャンプ場周辺を歩いていると近くのヤブからキタテハが飛び出してきました。とても暖かい日でしたからキタテハもそろそろ春の活動準備を始めていたのでしょう。しばらく観察しているとそれはまたもとのヤブにもどっていきました。そこはヒイラギナンテンの株で繁みにもぐりこむと葉の裏にぶらさがってまた動かなくなりました。冬の間もそこで過ごしていたものと考えられます。貴重な場面をカメラにおさめることができました。

　キタテハが誰の目にもふれる頃は成虫がふえる8月から秋にかけてです。夏は樹液の出る木に集まるスズメバチやゴマダラチョウとともにその姿がよく見られ、秋は各種の花にとまって蜜を吸う姿が見られます。

キタテハ

＊秋型は翅の周囲がギザギザになり、新鮮なのにボロを装っている。なぜ？

△カナムグラの巻かれた葉を覗いてみると、トゲトゲの若齢幼虫が潜んでいた。

〇主な観察地：
　手入れの悪い雑草地も最近は少なくなり、食草カナムグラの群生地は限られてきた。

観察記録
1977：4／4、5／30、
1978：4／9、

1981：7／20、8／9、9／28多、10／10、
　　　11／1
1985：8／3、8／19、10／10、
1990：3／9mc、
1991：3／20mc、
1992：5／12mc、
1993：9／25mc、10／11mc、
1994：5／25mc、7／13mc、
1995：3／22mc、
1996：3／10mc、3／31mc、
1998：3／4mc、3／27mc、3／30mc、
　　　5／17mc、7／19mc、8／16mc、
1999：3／18fu、3／24旧水験ig、4／25、
　　　5／20fu、6／1fu、8／4、9／8fu、
　　　10／1、10／9、11／5、
2001：3／27、8／19mc、10／21mc、
2002：3／8su、3／17mc、3／24、
　　　5／19mc、8／24、9／14、9／23、
　　　9／29、10／5、10／6、10／12、
　　　10／15、10／28mc、
2003：2／9igかわせみの里、3／23、3／24
　　　3／30、4／13、4／27、8／6、9／3
　　　10／19、11／2、12／23ig、
2004：2／22su、2／26ig、3／27、3／28
　　　3／29、5／23、5／24、6／14、

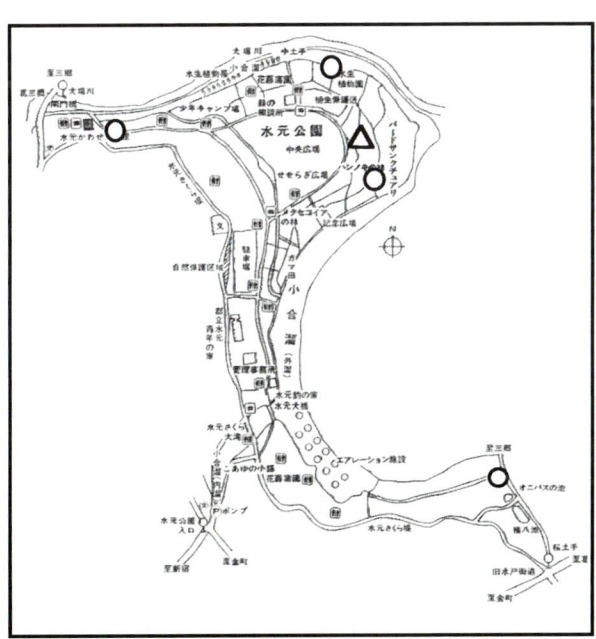

タテハチョウ科
　　　ヒメアカタテハ
　　　　Cynthia cardui LINNAEUS

　小さな（ヒメ）赤い（アカ）タテハチョウ（タテハ）だからヒメアカタテハというわけです。形態、特徴をストレートに表現する和名は便利でわかりやすい反面、味気ない気がしないでもありません。「小さい」「可愛らしい」などを表現するのに虫には「ヒメ」や「チビ」「コ」などがよく使われますが、もちろんもとの名前の虫を小さくしたわけではなく全くの別種です。すなわちアカタテハを小さくしたものがヒメアカタテハということでないのはご承知の通りです。英語名ではアカタテハが Red Admiral （赤い海軍大将）にたいし、ヒメアカタテハは Painted Lady （お化粧した婦人）と呼ばれ、こちらのほうが楽しい命名と思われませんか。もっとも日本にもスミナガシ（墨流し）なんていう素敵な名前の蝶がいます。

　ヒメアカタテハは世界で最も広い分布をするチョウといわれ汎世界種コスモポリタンと呼ばれています。ただどこでも数多くは見られないといいます。そんな知識があってある年沖縄に行った時、本部半島の畑で無数のヒメアカタテハを見たときには平凡なチョウでありながらワクワクしたのを覚えています。いる所にはいる、タイミングがよかったのでしょう。

　水元公園で見られるのは秋になってから。数は多くありません。セイタカアワダチソウをはじめ各種の花にあつまって蜜を吸っていますが、最近苗圃の奥に植えられたブッドレアの花にもよくきています。昔、ヒメアカタテハは他のいくつかのタテハチョウのように成虫で越冬すると思われていました。ですから古い図鑑には「成虫越冬」とあると思います。ところがその後の調査で幼虫の状態で冬を越していることも確認され、決まった越冬態はないとされています。冬、畑のわきなどに見られるハハコグサのロゼット（冬ごもりのために地面にはりつくように春を待っている芽）がその住み家です。春暖かくなるまでジッと小さくなっているハハコグサのロゼットの中心は、真綿のような春の芽がくるまれており、小さな黒い幼虫はその中で少しずつ成長をしていきます。ただ寒い地方では真綿の布団も役に立たず、結局は死亡してしまうようです。

　水元地区には畑が多く、冬になるとその縁にはハハコグサのロゼットが見つかります。私の経験では区民農園など冬になるとあまり手入れもされていない畑がいいようです。日当りのよいところの芽をそっと開いてみてください。白い綿の中に5ミリほどの黒い毛虫が見えます。それがきっとヒメアカタテハの幼虫です。暖かい日には動き出してきて少しずつ食事をとりますが、しかしそれらのうち春までたどり着くのはほんの一部、今まで多くの死骸も確認してきました。同じ場所でも寒さの厳しい年には生き残るのはやはり大変なのです。成虫で冬を越すものにも時には死ぬものがあって、アカタテハなど他の越冬蝶ほど冬には強くないといわれます。それなのに世界中で見られるのは、その移動性によるのでしょうか。ヨーロッパでは集団移動も時々観察されるようですから。

　虫たちと接する楽しみは成虫の活動期にその華やかな姿を見るだけでなく、姿の見られない時期にこそあるように思われます。体力と知力と推理力を働かしてこの冬もぜひ外に出かけ、虫たちの隠れた生活をのぞいてみてください。

### ヒメアカタテハ

観察記録
1981：7／5、8／27、9／27多、10／4、
　　　11／15
1997：9／24mc、12／1mc、
1998：8／16mc、9／25mc、
1999：8／4fu、10／1、11／6、
2002：9／23、9／29、10／5、10／6、
　　　10／12、
2003：3／23sh、4／27、8／31、9／3、
　　　9／27、10／5、10／19、11／2、
2004：8／21、

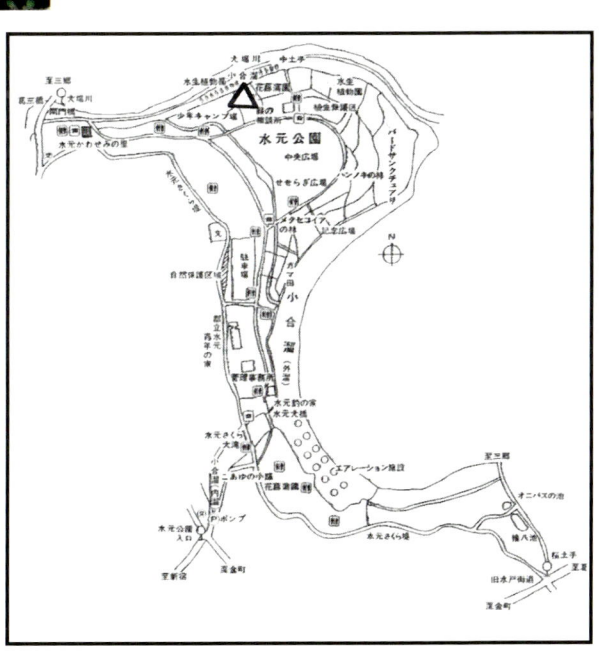

＊冬、近くの畑ではハハコグサの暖かい冬芽の中には黒い幼虫が見られるが、寒さで死ぬものも多いと言う。その地域での越冬状態は幼虫か、成虫かまだ研究途上だ。

△冬、苗圃の片隅にはハハコグサのロゼットが見つかり、真綿のような芽の中では幼虫が冬ごもりをしている。

○主な観察地：
　秋になると苗圃の草地、ブッドレアの花によく集まってくる。

タテハチョウ科
コムラサキ
Apatura metis FREYER

　ここは水元公園の苗圃、樹木の名前はよくわかりませんが、かなり背の高い木の上の方にムクドリらしき鳥が飛んできました。ところがそれは梢にとまる間もなく、何かに追われて逃げ去っていきます。そのムクドリらしき鳥を追いかけているのは紛れもなくコムラサキでした。ある種の蝶の雄たちが縄張り（テリトリー）を張ることはよく知られていることですが、普通は同じ種の間でニラミをきかすのです。自分よりはるかに大きな鳥を威嚇するというこれほど強烈な場面に出会うのは珍しいことです。コムラサキは時々20メートルばかり離れた小合溜沿いのエノキやヤナギとの間を行き来しているようでした。小さい影が弾丸のように飛びかっています。ムクドリらしき鳥もきっとビックリしたことでしょう。本来ならば鳥は蝶の天敵なわけで、捕食されなかったこのコムラサキはよほどの強物です。

　粋な名前のこの蝶は今では東京のような都会ではまず見ることはありません。ところがわが水元では毎年のようにこの元気者をみることができます。その理由はコムラサキが棲むのに適した環境が今も保たれているということに他なりません。コムラサキ幼虫の食樹はヤナギの類。水辺の多い葛飾水元にはまたヤナギの木も多いのです。そして成虫が生き延びるために必要な樹液を出す木も水元にはあるということです。さらに広い生活空間など水元はコムラサキにとって東京に残された最後の楽園といえるでしょう。銀座のヤナギにコムラサキなどといえばさらに小粋な感じもしますが、ずっと昔には見られたのでしょうか。

　コムラサキは北海道から九州まで、また水元のような平地から山地まで広い範囲で見られますが、共通するのはどこも水辺であるということ。その美しさ、気高さから「水辺の女王」とも言われます。雄の翅（はね）が紫色に輝くことから、国蝶のオオムラサキに対しコムラサキと命名されたのでしょう。ただこの紫色の発色はオオムラサキとコムラサキではちょっとちがいます。コムラサキの紫色は光の角度によって見えたり見えなかったりするのです。翅の地色には褐色型と黒色型の二種類あり、静岡の大井川沿いなど一部では遺伝的に黒色型が多く見られる地域があります。クロコムラサキなどと呼ばれていますがその表面の紫色はより深みがあって美しく見えます。

　水元では年2回の発生です。ヤナギの樹肌のすき間などで冬を越した幼虫は、ヤナギの芽吹きとともに成長し、成虫が出てくるのは5月下旬から梅雨のころ、そしてその後は夏から秋にかけて発生します。私たちがその姿を目の前にするのは暑い夏のころ、ゴマダラチョウ、スズメバチ、カナブンなどと一緒にクヌギ、ヤナギの樹液を吸っているときです。その怪しい紫色の輝きには誰も魅了されてしまいます。残念ながらそれ以外の時は身近かな観察は困難です。花に集まってのんびり蜜を吸うなどという習慣がないからです。それでも水辺の樹木上空をヒラヒラス〜イと滑空する様はこれまた優雅なものです。頭上で動くものがあったら注意してみてください。また雄は動物の排泄物にきたり湿地で吸水することもあるようですから、そう、下にも注意ですね。

　虫に限らず、興味関心のない人たちにとっては、それがどんなに美しいものであっても目に入らないのですから、その存在は無にも等しいものです。そこでせめてものキャッチフレーズをと考えました。
緑と水辺豊かな葛飾に最もふさわしく、下町の粋な姿と名前を持つ、東京の貴重種コムラサキに乾杯！

『葛飾の花は菖蒲に樹は柳
　　　蝶は水元コムラサキ』

コムラサキ

＊樹液に集まる蝶の代表格だが、こんな風景はだんだん少なくなってきている。しかし今もコムラサキは水辺の女王にふさわしい水元を代表する蝶だ。

△ずらっと並ぶ小合溜のヤナギ。花菖蒲とともに、ヤナギ、コムラサキは水元に欠かせない。

○主な観察地：
　小合溜、水路に沿ったヤナギの多い場所では周辺の樹上を飛び交い、時には目の高さまで降りてくる。夏は樹液にも集まる。

観察記録
1977：5／30多、
1980：6／15、
1981：8／7、8／28、9／23、10／4、
1985：8／4、8／19、
1990：5／31mc、
1991：6／19mc、6／23mc、
1992：8／10、
1993：8／1mc、
1994：8／14mc、
1996：7／15mc、
1997：7／16mc、8／20mc、
1998：8／11mc、9／24mc、
1999：5／17fu、6／1fu、6／6、7／1fu、
　　　8／4、8／12、9／3fu、10／1fu、
2002：7／14、9／14、9／23、9／29、
　　　10／5、10／6、10／15、
　　　5／24、
2003：6／22、8／31、9／3、9／16、
　　　10／5、
2004：6／5、6／14、8／2、8／10、

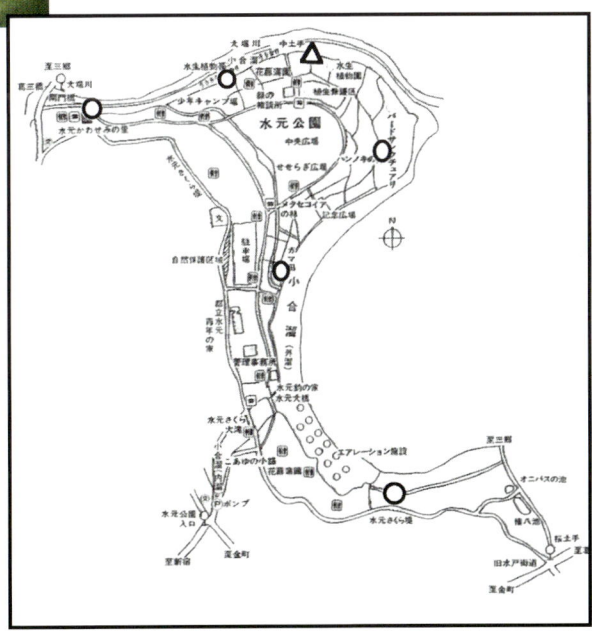

## シジミチョウ科
### ムラサキシジミ
### Narathura japonica MURRAY

　1982年に自宅近くの水元公園で私自身が確認したのを最後に、その後公園での報告はほとんど聞かなくなりました。それでも近郊の雑木林などではまだまだ見ることはできます。名前のように黒地に美しい青紫が宝石のごとく輝いて見えます。特に雌の金属的な輝きはいわゆるゼフィルスにも匹敵する美しさです。このチョウを見る目的で出かけることはありませんでしたが、いつもふいに姿を見せてくれます。普段は他のチョウのように飛び回ることもなく、しかも地味な翅の裏を立てて林の中で止まっていますから、人の目につくこともありません。千葉県清澄山の沢でルーミスシジミの観察の時、柏や野田の雑木林でオサムシ類を探している時、真冬でもゼフィルスの採卵に出かけポカポカと暖かい時など出会いはいつも偶然でした。

　その偶然の出会いでも印象的だったのは石垣島でのこと。いかにもゼフィルスでもいそうな林道があって、といってもここにはゼフィルスは生息していませんが、そこを歩いている時、突然足元から飛び立つ茶色いものがありました。それは一つ、二つではなく、草むらを歩くとバッタがいくつも飛び出すように、いくつもの茶色い物体が地面から湧き出すようでした。あるものは少し離れた地面に移動し、あるものは近くの林のなかに消えていきます。それらはまぎれもなくムラサキシジミでした。ここにムラサキシジミがいることなど考えてもいないことでしたし、これだけの数を見るのも初めてです。しかも集団で吸水するなどという生態にぶつかりちょっと興奮したものです。それと同時に、東京近くで見慣れているチョウに遠く離れたこのような南の島で出会うとなにか懐かしくホッと

するものがありました。この林道の両側はカシやシイの林になっています。試しに突き出した枝を竿でたたいてみました。小さなガなどといっしょにムラサキシジミも飛び立ちましたが、次に止まるときはたいていもっと高い場所に移ってしまいもう短いネットではとどきません。それでもいくつか採集して東京に持ち帰ったのですが、本土のものと見比べてまた驚きました。明らかにその雰囲気が違うのです。石垣産のものはまず平均して大きく見えること、翅表の紫色は雌では金属光沢がより強く、雄ではより深みのある紫色をしているのです。調べてみると石垣島、西表島の八重山諸島産は台湾亜種に近いものであり本土のものとはちがうということがわかりました。次の年に訪れたときには時期、時刻があわなかったのか残念ながら吸水の様子は見られませんでした。それでも念のために用意しておいた長竿で林道わきの林をたたいてみるとムラサキシジミは健在。この林があるかぎりムラサキシジミも生息し続けるだろうということを確信しホッとしたものです。

　さて、水元公園では公園改修が進んだ後、芝生の山東部に食樹となる多くのアラカシが植栽され、そこで発生を繰り返しているようです。最近では2002年7月14日に熊野神社近くの桜土手で確認できました。風の強い日で地味な裏翅を立てて止りじっと動きません。よほど注意して見ないと気がつきませんが、それだけに発見できた時の喜びも大きいというものです。また林の中の日だまりでのんびり待っていると時々飛び出してきたり、春先には越冬後の成虫も今年は確認ができました。虫探しは「知的な宝探し」といえます

ムラサキシジミ

観察記録
1979：10／14
1992：8／23
2002：7／1熊野神社、10／5
2003：6／22、8／6、10／5、10／19
　　　11／16
2004：2／26ig、3／19ig、3／29

＊春ツマキチョウに会おうと林間の草地をながめていた。ふと黒い影が横切る。下草に降りたそれはムラサキシジミであった。

△芝生の山の近く、アラカシの裏手の小道では日だまりの枝にムラサキシジミがチラチラと飛び交う。

○主な観察地：
　芝生の山の東側に並ぶアラカシの林が発生地と考えられ、その周辺の遊歩道の空間でよく見られる。

— 67 —

シジミチョウ科
### ヤマトシジミ
Pseudozizeeria maha KOLLAR

「ヤマト」というたいそうな名前をもらっていますが、実に平凡で小さな蝶です。日本の特産種ではなくアジア中南部の亜熱帯、熱帯にその仲間はあり、あまり寒い地方では見られません。日本でもあまりに普通に見られるので日本中どこにでもと思ったら、やはり北海道ではほとんど記録がないようです。

この夏、わが家のねこの額にも満たない庭に沢山のヤマトシジミが飛びかっています。ちょっと見ただけでも10頭は目に入ります。あるものは雄同士で追いかけあい、あるものはアサガオの葉上で後翅（こうし＝うしろばね）をすりあわせながら休んでいます。なぜこんなに数が、、、その理由は「庭の手入れをしていなかった」ということ。幼虫の食草となるカタバミはとても生命力が強く、コンクリートのすき間でさえも根をおろしてしまいます。プランター、鉢があればもちろん、まして狭くとも土の庭があればあっという間にそこはカタバミの世界。雑草とはいえ小さな黄色い花も可愛らしくむしる気にもなれません。かくして今や小さな庭はヤマトシジミの楽園、というわけです。活発に飛んでいるのは雄ばかり、それも１メートルほどの高さまで。食草であるカタバミは地に這うようにあり、そこをチラチラ飛ぶ雌を探すのにそれほど遠く高く飛び回る必要はないわけです。

カタバミと同様、ヤマトシジミも生命力の強い蝶と言えます。もともと熱帯性の蝶とはいえ日本の寒い冬でも少しずつ成長をすることがあるのです。３月から12月の初め頃まで姿を見せ、冬は多くの蝶のような決まった越冬態（成虫で、幼虫で越冬など）を持たないといいます。12月までの連続的な発生はそのまま成虫で越冬したり、秋に産卵されたものは幼虫で冬越しということになるのでしょう。もっとも若い幼虫は寒さで力尽きることが多く、確認されているのは終齢幼虫が大半のようです。

秋のある暖かい日、学校などの風が遮られた陽当たりのよい花壇などではヤマトシジミがよく見られます。カタバミの葉をちょっとひっくり返してみると（葉表のこともありますが）小さな白い卵がひとつ。その株をまるごとイチゴパックに移してしばらく観察、飼育してみることにしました。ふ化した幼虫はそれこそまだ毛糸の先ほどの小さなもの。葉肉をなめるようにして食べ、白い食痕を残していきます。夏であれば成長の早い幼虫は葉も茎も食べて１ヵ月ほどで成虫にまで至るのですが、気温も低くなるとその成長はゆっくりで暖かい日以外は動こうとしません。それでも年が明けても食事をしている様子が確認できたのは収穫でした。ところがその後イチゴパックの管理をおろそかにしてしまったため、春までカタバミはもたず、幼虫の姿も見えなくなっていました。もしかしたらサナギ羽化まで確認できたかもしれないのに、と反省しています。

ブルー系統のシジミチョウの多くは、雌は黒褐色で雄はブルーです。さて長い期間にかけて発生するヤマトシジミはそのブルーもよく見れば変化に富んでいることに気がつくでしょう。春先や晩秋に見る雄の翅表はとても明るいブルーで時に白っぽくさえ見えます。これはベニシジミでも言えることですが、日長との関係で幼虫時代を短日の状態で過ごしたものに見られるようです。いろいろな見方ができてけっこうヤマトシジミも楽しませてくれます。都会がコンクリートジャングルになろうともカタバミとともにヤマトシジミの姿だけは見られそうですが、もちろんそうならないことを願うばかりです。

ヤマトシジミ

＊春早くから秋遅くまで絶えることなく足元を舞う。

＊競争相手も多くここまでたどり着くのは大変にちがいない。

○主な観察地：
公園内の草地いたるところで見られる。

観察記録
1977：4／29、
1980：11／2、
1981：4／26、7／21、8／7、9／13、
　　　10／7、11／1、
1985：9／8、9／14、
1991：3／24mc、
1993：4／11mc、9／25mc、10／11mc
1994：4／5mc、4／23mc、4／30mc、
1995：3／22mc、4／24mc、
1996：10／18、
1997：5／11mc、6／2mc、7／21mc、
　　　8／24mc、
1998：3／30mc、5／17mc、6／21mc、
　　　7／19mc、8／16mc、
1999：4／22i、4／25、5／1、5／2、5／8
　　　6／8fu、7／1fu、8／4、9／3、
　　　10／1fu、11／5、12／5fu、
2001：3／24mc、8／12、8／19mc、
　　　9／16mc、9／26、10／9、
　　　10／21mc
2002：4／13、4／20、4／27、6／9、
　　　7／14、8／10、8／24、9／14、
　　　9／23、9／29、10／5、10／6、
　　　10／12、10／15、10／27、10／28
　　　11／3、11／4、11/18f、11／30、
2003：4／2、4／13、4／27、5／3、5／5
　　　5／10、5／18、5／24、6／15、
　　　6／22、8／4、8／31、9／16、
　　　9／27、10／5、10／19、11／2、
　　　11／16、12／7、
2004：3／28、4／11、4／18、5／8、
　　　5／15、5／23、5／24、6／5、
　　　6／14、6／19、7／12、8／2、
　　　8／10、8／21、9／6、9／13、

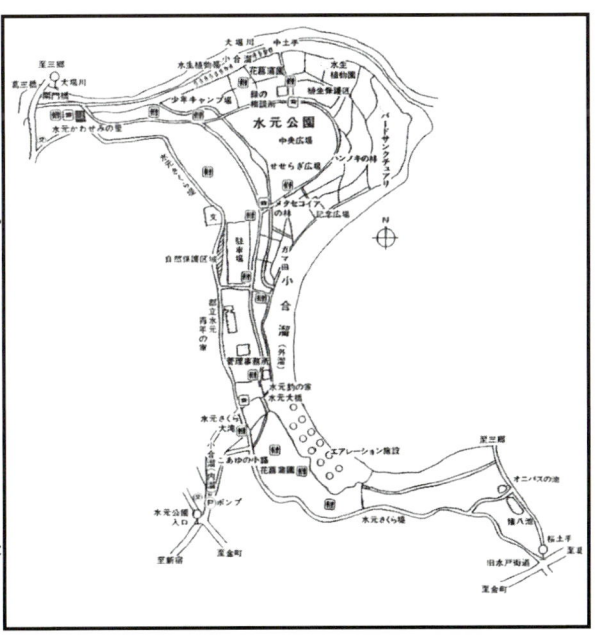

シジミチョウ科
## ベニシジミ
### Lycaena phlaeas LINNAEUS

　草地や土手などで4月から11月まで連続的に見られるベニシジミは、最も親しみのあるチョウの一つです。食草となるスイバやギシギシなどタデ科の植物はどこにでもありますから、発生場所、時期も幅広いことが察せられます。「タデ食う虫も好き好き」とよく言いますが「タデ」もそれを食う「虫」のことも意外と知られていません。植物愛好家の方には「タデ」の仲間はよくおわかりのものでしょう。関心のない方でも図鑑や実物を目にすれば「ああ、これか」とおっしゃるかもしれません。口にするときっと「まずい、苦い味」がするのでしょう。そんなまずいものをよくも食べるヤツがいるものだ、というわけですが、それを食べる虫の中にベニシジミ（の幼虫）もいるということです。子供から見てあんな苦いビールを飲む大人は「物好きな」となりますが、何を飲もうと食べようと大きなお世話デスということです。スイバもギシギシもベニシジミの幼虫にとってはこの上ないご馳走にちがいありません。

　ベニシジミは北海道から九州までどこでも見られますが、薩南諸島から南では生息していません。春先から晩秋まで発生を繰り返しほとんど切れ目なく見ることができます。花が大好きで吸蜜のときは落ち着いていますがその飛翔はけっこう敏速で追いかけるのに苦労します。そういう時は自分も花の横で寝そべっているにかぎります。

　ところで年何回か発生するチョウには季節型があるのはよく知られていることです。春型と夏型、夏型と秋型などチョウの発生時期により色、紋様、大きさ、また翅形まで変ってしまうものがあります。例えばアゲハチョウ、ゴマダラチョウなど多くのチョウの春型夏型、モンシロチョウでも春と夏ではっきり区別できるのはお気付きでしたでしょうか。またキチョウやキタテハのように夏型秋型に違いを示すものもあります。寒冷の地域では年一回しか発生しないものが多く、熱帯に近い地域では何度も発生しながら季節型を持つものはあまりありません。乾期型、雨期型などが種類によって現われることはありますが。温帯地域に住む私たちはその変化に富んだ生態を観察することができて幸せです。

　ベニシジミはどうでしょう。昔、数百のベニシジミを春から秋にかけて毎週採集し、その違いを見比べたことがあります。大きさは春のものが一般的に大きく、形も多少丸みを帯びている印象です。もっとも雌雄でいえば雌が丸みを帯びています。比較により最も顕著な点はその翅の色にあります。金属的な赤橙色に輝く4月のものが徐々に黒みを帯び、夏にはほとんどクロシジミといわんばかりに黒くなり、また秋には明るい赤橙色を取り戻してくるといった感じです。その変化はほぼ連続的ですが、春第一化のものは赤橙色部分の面積が広くその輝きは特別に美しく、ミドリシジミの仲間の美しさにも匹敵すると思えます。厳しい冬を幼虫で過ごしてきた一化とその後発生したものとでは、様々な気象条件により、体内のホルモンの作用などの違いがあるのでしょう。そういう意味で第一化のものを春型、第二化以降のものを夏型と区別して呼んでいいでしょう。翅の黒さに影響する大きな条件に「日長時間」があるといわれ、日の長い時期に幼虫時代を過ごしたものは翅が黒くなるといいます。それは連続的変化の確認中でもはっきり見ることができました。すなわち同じような「黒い夏型」の中でも7月下旬あたりのものが最も黒いことがわかります。その成長時代をさかのぼると6月の夏至（昼が一番長い）の頃に幼虫時代を過ごしていたわけです。

　年に二化、三化ほどのチョウはその季節型がはっきりと確認できますが、ヤマトシジミモンシロチョウなど多化性のチョウはどの瞬間から変化を示すのでしょう。これらも第一化を春型と考えますが、その後も微妙な変化を示しながら季節型を見せてくれます。その年の気象条件を含め様々な環境と見比べながら観察していくのも楽しいことです。

ベニシジミ

＊春から秋にかけて衣装の色を少しずつ変えていくベニシジミ。やはり明るい色の春型が一番美しい。

△タデ科の食草に潜り込んで産卵だろうか。しばらく外には出てこなかった

○主な観察地：
　公園内の草地、タンポポ、シロツメクサの花によく来る。

観察記録
1977：4／20、4／29、
1978：4／22、4／26、
1981：4／11、4／26多、7／1、7／17
　　　8／23、10／17、11／14、
1993：9／25mc、10／11mc、
1994：3／29mc、4／7mc、4／23mc、
　　　4／30mc、
1995：4／24mc、4／29mc、
1996：3／31mc、4／17mc、
1997：5／11mc、7／21mc、8／24mc、
1998：4／1fu、4／18mc、5／2、5／17mc
　　　6／21mc、7／19mc、8／16mc、
1999：3／24ig、4／7ig、6／1、6／6、
　　　7／1、8／4、9／3、10／1、11／5
2001：7／15mc、9／16mc、10／21mc、
2002：3／24相談所裏菖蒲田でオレンジ鱗粉
　　　脱異常型、3／17mc、4／13、4／20
　　　4／27、9／14、9／29、10／5、
　　　10／6、10／12、10／15、
　　　10／28mc、12／5fu、
2003：4／9su、4／13、4／14、4／27、
　　　5／5、5／10、5／18、6／22、8／4
　　　8／31、9／16、9／27、10／5、
　　　10／19、11／2、11／16、
2004：3／19ig、4／5、4／18、5／8、
　　　6／14、6／19、8／21、9／6、
　　　9／13

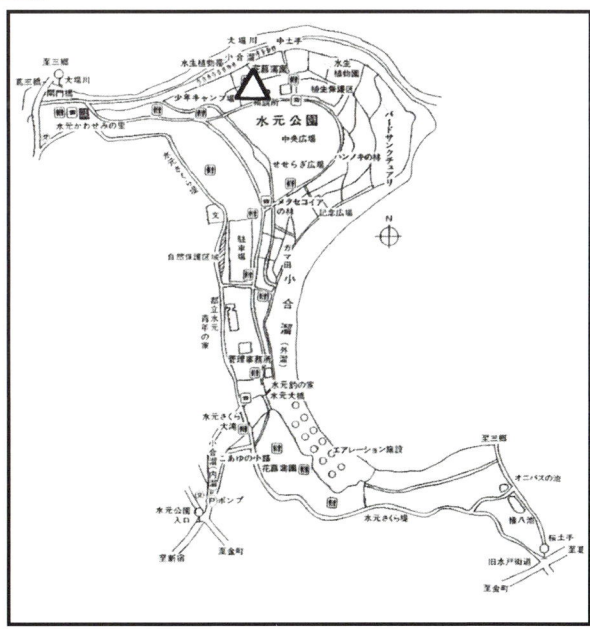

シジミチョウ科
ウラナミシジミ
Lampides boeticus LINNAEUS

　花にとまったウラナミシジミをねらってカメラを構えていると、左右の翅（はね）をピッタッと立ててすり合せる動作を始めました。いろいろな角度から見ているうち、「なるほど！」と思える動作であることがわかりました。真後ろから見たときです。
　動物は一般的に獲物を射止めるのに致命傷となる頭部をねらうことが多いようですが、戦闘能力のないチョウなど弱い虫たちはどのようにして身を守っているのでしょうか。チョウやガには眼状紋を持つものが少なくありませんが、その目玉模様で敵を驚かして逃げると言われます。確かにそうした効果を持っていそうな強烈な目玉模様もあります。しかしこんな目玉模様ではたして敵がたじろぐことがあるのだろうか、という程度のものもあります。野外のチョウを観察していると左右の後翅に鳥のくちばしにでも傷つけられたと思われる切れ痕が同じようについていることがあります。眼状紋のあるチョウばかりではありませんが、もしそんな模様を持っているならば、小さな目玉を敵に見せそこに攻撃を集中させることにより致命傷を逃れるということは十分に考えられます。実際小さなジャノメの仲間の小さな目玉と、アケビコノハのような巨大で鮮やかな目玉とが同じ役目をしているとは考えにくいものです。敵を誘う目玉と、敵を撃退する目玉と。

　そこでウラナミシジミを見てみると、、、後翅表面の最下部に黒い模様があり、その先には尾状突起がついています。さて翅をあわせてとまった時どうなるでしょう。翅をあわせるといっても実はすべてピッタリとつけるわけではありません。巧妙なことに後翅最下部だけが少し開いているのです。その部分にはちょうどあの黒い模様が目玉のように現われ、そこについている尾状突起は2本の触角のように見えます。しかも翅をすりあわせることにより、「ここが頭だよ」とばかりに見せつけることになります。花の蜜を吸っている一番無防備な時の自己防衛手段となっているのでしょう。（と、私には思えたのです）
　ウラナミシジミが水元で見られるのは夏も終わりに近いころで、草地を活発に飛び回っています。といってもそれまで彼らはずっと水元で生命をつないできたわけではありません。寒さに弱いために冬の間を生き抜く手段がありません。もともと南方系のチョウであるウラナミシジミは日本では関東以南が主な生息地です。東北や時には北海道でも確認されることがありますが、それらは房総半島で冬を越したものが世代を繰り返しながら北上していったものといいます。ですから日本中で見られるとしても厳密な意味での分布は越冬可能な南関東が北限ということになるわけです。
　房総南部で春早く発生した成虫が北進し、水元で見られるのは3世代目か4世代目くらいのようです。飛翔力、繁殖力の強い彼らはその後一気に北へ北へとのぼって行きますが、これには幼虫の食べる餌との関係が重要で、マメ科植物が大好物ということから、人間が栽培するマメ類の生育が北上する時期にあわせながら生活域を拡大していくのです。ですからその年の気候、栽培種の生育状況により東北南部までしか進めなかったり、北海道まで侵入したりすることもあるわけです。

　マメ科植物の中でもエンドウの類に強くひきつけられるようで、庭やプランターの家庭菜園でも観察される例がよく報告されます。一度試してみてはいかがでしょう。水元ではハギの群落が所々にあり、花芽への産卵を何度も観察しました。
　毎年彼らが変わらずに観察されるということは気候も順調、農作業も順調ということになりますね。

ウラナミシジミ

観察記録
1981：9／27、10／8、10／18多、10／25
1985：10／10、
1997：9／24mc、
1999：9／30、10／1、11／5fu、
2002：9／14ハギに、10／5、10／12、
　　　11／4、
2004：9／6、

　＊秋になるとガマ田に多かったマメ科植物の雑草によく見られたのだが、公園がきれいになると姿が少なくなる蝶も多い。

△春の殺風景なガマ田も秋にもなれば多くの虫たちでいっぱいになる。ウラナミシジミがみられるのは九月からか。

○主な観察地：
　秋になると桜土手のハギの花やガマ田のマメ科植物で見られる。

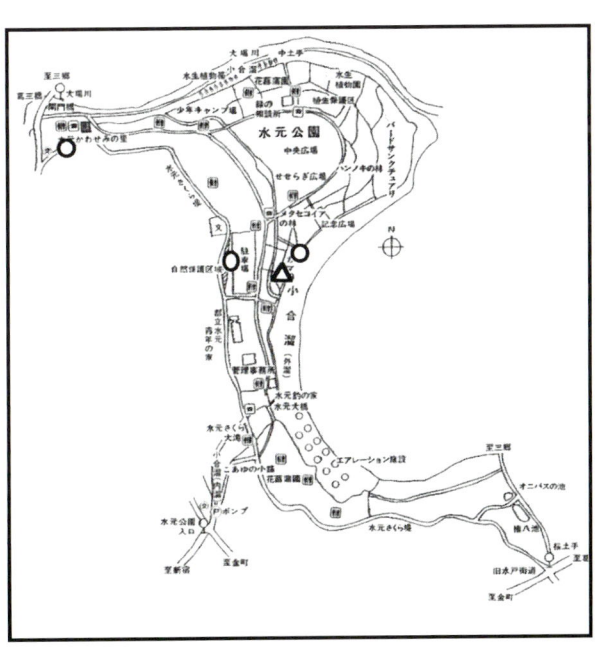

## シジミチョウ科
### ゴイシシジミ
#### Taraka hamada DRUCE

　薄暗い林の中でチカチカと灯りが点滅、と思ったらゴイシシジミでした。真っ黒な翅表と黒い碁石をばらまいたような白い翅の裏、このコントラストで薄暗い林の中を鈍い動きで飛ぶのですから、それは夕空にまたたく星のようにも見えます。などと言うと大変ロマンチックに聞こえますが、実はここは大変なところです。夏から秋にかけてのささやぶはまさに地獄。人の体温を感じてか飢えたヤブカたちがウワーッと襲ってきます。風のない時などは最悪で、汗とかゆさでいたたまれないほどです。ゴイシシジミが棲んでいるのはそんな場所。なぜ「ささやぶ」かと言うと、それはゴイシシジミの幼虫の食べ物がここにあるからにほかなりません。タケ・ササ類につくコナフキツノアブラムシがその食餌だからです。蝶の仲間には珍しく動物食をとるわけで、いや、幼虫ばかりか成虫も花の蜜などには目もくれず、このアブラムシの出す蜜をなめています。一生を動物食だけで生活する珍しい蝶なのです。

　そんな珍しいゴイシシジミがここ水元公園にも生息しています。主なポイントは水産試験所跡地の奥、バードサンクチュアリの中、大場川の中土手、「かわせみの里」裏の浅間神社跡地など。そのどこにもササの類が生えていますから場所の確認は簡単でしょう。ほとんど移動することのないゴイシシジミは一つ見つかれば次々と見つかります。ところが最近その姿をほとんど見ないと聞きます。一番の原因は餌のせいです。そこに根をおろしている植物なら別ですが、アブラムシの発生は毎年同じようにあるとは限りません。コナフキツノアブラムシそのものの発生メカニズムもよくわかっていない部分もあるようで、微妙な自然環境の変化が大きな原因になっているのでしょう。ところでこのアブラムシ、白い綿のような粉のような何ともいえない生き物で、普通なら見つかり次第ササの葉ごと切り捨てられてしまう運命にあります。だれも好んで観察するようなものではなく、ですから水元のような都会の公園に生息しているということがなおさら貴重に思えます。

　ゴイシシジミはそんな白いアブラムシのかたまりの中に卵を産みつけ、幼虫は餌に囲まれて成長します。白いワラジ状の幼虫ですが時々似たようなウジ状の幼虫もいます。これはヒラタアブの幼虫なので要注意。そこで蛹になり、成虫になってもアブラムシをなめて生活を続けることになります。ある時自宅で飼育もしてみました。ササは水あげも悪く、葉が枯れるとアブラムシもポロポロ落ちてきます。成虫まで育ちましたが、餌の質、量が悪かったためでしょう。とても小さなゴイシシジミが羽化してきました。ゴイシシジミが生き延びていくには蒸し暑いヤブカで人を近づけないような「ささやぶ」がやはり必要なんですね。今年、夏から秋にまた期待しましょう。

ゴイシシジミ

観察記録
1980：9／2、9／5
1985：9／8、9／14、9／21、10／10
1989：8／22
1992：5／12mc
1998：10／1mc

＊ササコナフキツノアブラムシという食べ物に囲まれて幼虫は生活する。

△浅間神社跡地の片隅にササの群落があり誰にも気付かれずヒッソリとゴイシシジミは生きている。

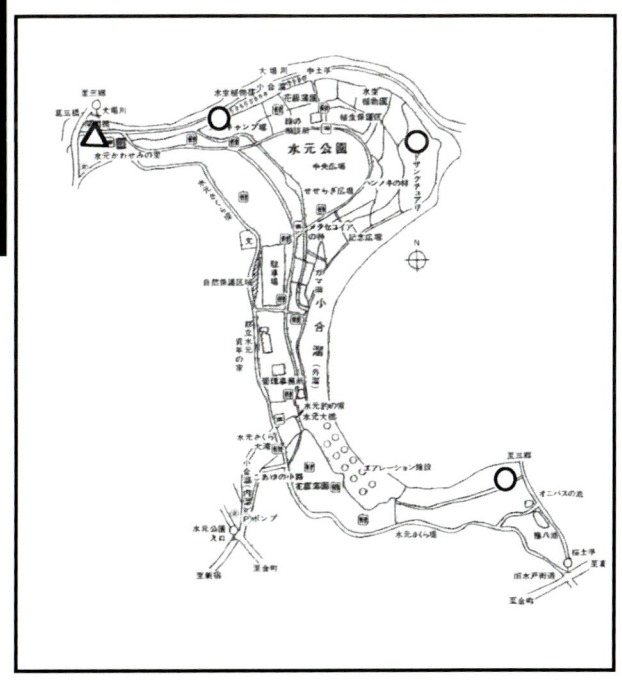

○主な観察地：
　非常に限られた場所でしか見られず、ラムシの発生状況にも影響され毎年見られるわけでもない。

シジミチョウ科
　　　　ウラギンシジミ
　　　　Curetis acuta MOORE

　秋が深まり、そして木枯らしの吹く頃ともなると、虫たちの冬越しのことが気にかかります。すべての命は尽きてしまったのではないか。雑木林はひっそりとして、生き物たちの気配はほとんど消えたかのように見えます。しかし実はこの時こそ虫たちを観察するチャンスでもあります。幼虫や成虫にとって気温が低く活動に適さないことはもちろんですが、命を繋ぐ食べ物のない時期に動くことはエネルギーを消耗するだけで何のメリットもありません。卵やサナギで越冬するものもわざわざ姿を出すことはありません。ただただじっと春を待つ虫たちが林に草の根元に地中にたくさんいるのです。かれらは動かないのですからこれほど観察に都合の良いことはないのですが。ただ、、、そう、問題はかれらがどこで冬を過ごしているかです。

　カブトムシの幼虫であればフカフカ腐葉土の中、朽木の中のフレーク状のおいしそうなベッドにはクワガタの成虫・幼虫親子、時にはスズメバチまで、樹皮の下にはゴキブリ、ゴミムシ、コメツキの仲間、運がよければ冬虫夏草まで。ハエの仲間までこんなところに見つけてビックリすることがあります。松の木にまかれたワラの奥にはテントウムシの大群、石をひっくり返してみればハサミムシ、オカダンゴムシなど。ヒメマイマイやアオオサムシなども朽木や土の中に潜んでいます。いやいやかれらの安らかな眠りを妨げるのはこのくらいにしておきましょう。

　前書きが長くなりました。蝶の中には成虫で越冬するものがいくつかあります。シジミチョウの仲間では珍しくウラギンシジミがそれです。もっとも研究者によってはこれをシジミチョウからはずす意見もあるようです。名前の通り翅（はね）の裏は銀色のペンキでも塗ったかのようなベットリとした白銀色。形も大きさも他のシジミチョウとはちょっと雰囲気がちがいます。

　成虫越冬後、春にはフジの仲間、その後クズに産みつけられた卵は花やつぼみを食べて育ち、秋にその数をぐんとふやします。ウラギンシジミの生活場所は照葉樹の周辺。穏やかな秋の日差しの中でクスノキ、シラカシ、スダジイなどの葉から葉へ敏速に飛び交う姿を目にされた人も多いでしょう。かれらはすでに冬の間のねぐらを探しはじめているのです。落葉しない樹木の中をかれらは安心のできるねぐらとしたのでしょう。ただ緑の葉に白い（銀色の）ひらめきはどうしても目につきます。水元公園にもそんな場所はたくさんあります。公園中央入り口から水産試験場跡地への桜土手沿いは樹木が目の高さになり観察に手ごろです。芝生広場下のアラカシ、スダジイ、苗圃のクスノキのあたりで日向ぼっこをしながらのんびりながめているのもけっこうな楽しみ方。活動期はこうして葉の上を飛び渡るのですが、あるとき止まり方がいつもとちがうなと感じました。

　秋も深まる頃、それはいつもより鈍い動きをしながら葉の裏に回り込んでいくのです。これはもしかしたら越冬態勢なのかもしれません。しばらく落ち着いてから土手から手の届くところにあったその枝をそっとたぐりよせてみました。いつも活発に動きまわっていたウラギンシジミは数ミリ移動したかに見えましたが、それ以上は動こうとしませんでした。このウラギンシジミがそのまま越冬したのか残念ながら確認はしませんでしたが、おそらくその前兆であったように思われます。広大な樹木のなかで小さな蝶を見つけるのは至難のことではあります。でもその習性をすこしでもつかんでおけば不可能とも言えないでしょう。温度差変化の少ない常緑樹の雨のかからない葉裏。この冬は緑の中に白い点を探して散歩を楽しみたいと思います。冬の宝さがし、皆さんはいかがですか。

ウラギンシジミ

＊秋になると急に姿が多くなる。そして越冬の準備へ。このウラギンシジミもそろそろ枝の中に潜り込みはじめたようだ。

△このアラカシをたたくと緑を背景にギン色のひらめきが見られる。

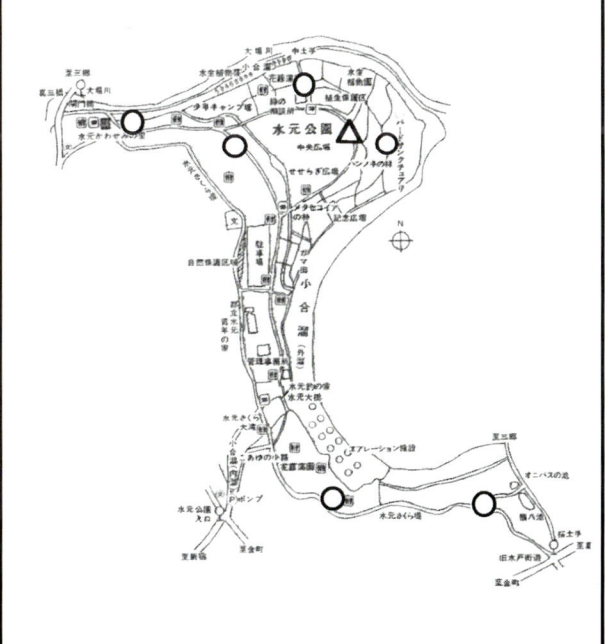

○主な観察地：
　クスノキ、カシ類の常緑樹で飛び交い、時々地表にも降りてくる。

観察記録
1981：10／6、10／15
1985：8／19
1990：11／9mc
1996：3／31mc
1998：7／19mc
1999：9／8fu、10／1、11／5
2001：3／27、8／10、8／19mc
2002：9／23、9／29、10／5、10／12
　　　10／15、10／27、11／3、11／4
2003：6／22、8／31、9／16、9／27
　　　10／5、10／19、11／2、11／16、
　　　12／24ig
2004：2／22su、7／12、9／6

シジミチョウ科
ミドリシジミ
Neozephyrus taxila BREMER

　ミドリシジミという名前を聞いただけで蝶の好きな人はゾクッとするでしょう。生息地が比較的限られ、年一回の発生、シジミチョウとしては大型で、そして何よりもその美しさで多くの人の目をひきつけます。ミドリシジミの仲間というのは日本には２５種類、その名の通り緑色のもの、青緑色、橙黄色、銀色、白など変化に富みますが、雌の翅表は暗褐色の地味なものが多いようです。そんな愛好家あこがれのミドリシジミの仲間が水元にもいるというのはなんともうれしいこと。今まで私が水元で確認したことがあるのはアカシジミ、ミズイロオナガシジミ、そしてミドリシジミです。ミドリシジミが生息しているのは、その幼虫が食べるハンノキが水辺を好み水元にもたくさんあることからも納得できます。しかし東京２３区では大変珍しいことで、いつまでもこの環境が残ってほしいものです。千葉県、埼玉県では開発により生息地がどんどん消えていき、浦和の秋ケ瀬公園では環境を保存するとともに、ミドリシジミを「県のチョウ」に指定して保護しています。

　ミドリシジミの雄は金緑色に輝く翅を持っていますが、雌はまるで別種のようです。翅の地色は基本的には暗褐色で、四つのタイプが知られています。前翅の中室に橙色があるのがＡ型　基部から青色がのびているのがＢ型、両方備えているのがＡＢ型、そして一面暗褐色なのがＯ型と呼んでいます。まるで人間の血液型のようですが、それで性格がちがうかどうかはわかりません。地域によって発生の割合がちがうようですが、埼玉の所沢、浦和で調べた範囲ではＯ型が一番多く、次いでＢ, Ａ, ＡＢ型のようでした。

　梅雨の晴れ間にハンノキ林に入ってみてください。と言っても実はその姿はなかなか見られません。というのは彼等は昼間でもあまり飛ぶことはなく、葉の上や雌などは下草で休んでいることが多いのです。雄は夕刻近くになって活発に飛び始め、こういう性質は多くのミドリシジミの仲間に見られるようで、観察の絶好のチャンスです。枝や幹に時には卵塊で産みつけられた卵はそのまま冬を越し、春の芽吹きとともフ化して若葉を食べながら成長しますが、この時期も観察のチャンス。というのは幼虫は若葉を綴りその中で生活するので、当人は隠れているつもりでも人間の目から見るととても目だってしまうのです。いろいろな虫が葉で巣を造りますが、なれてくるとミドリシジミの巣かそうでないかは区別できるようになるでしょう。

　水元公園にはハンノキ林は三ケ所ありますが、菖蒲田のほうは下枝もなく整備されすぎて環境はよくありません。芝生の山東側の小合溜近くの林がポイントとなります。梅雨の晴れ間にぜひ出かけてみましょう。

ミドリシジミ

観察記録
1981：6／13、
1991：6／26
1996：6／17mc、
1999：6／8fu、
2003：6／27su、
2004：6／14多、

＊ハンノキの下、舗装散歩路で吸水。

△ハンノキ林は芽吹きの春から初夏にかけてが美しい。

○主な観察地：
　公園内にハンノキ林は数カ所あるものの、ミドリシジミが見られるのは明治記念広場北側の林だけである。

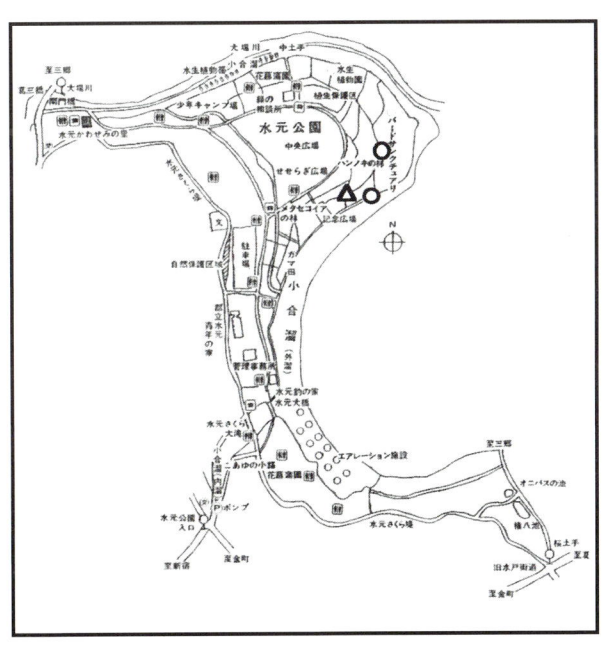

シジミチョウ科
ルリシジミ
Celastrina argiolus LINNAEUS

　ユーラシア大陸を中心に小さな青いシジミチョウの仲間が沢山います。英語でブルーと呼ばれるこの仲間はヒメシジミという大きなグループを構成し、その中にルリシジミ類も含められるといえます。水元公園を歩くと足元をチラチラと飛ぶ青いシジミが沢山いますが、ほとんどはヤマトシジミであったり、ツバメシジミです。そのなかで飛び方が少し大きいように思えるブルーシジミが目につきます。ヤマトやツバメは低い空間を飛び回ることが多いのに、それは林縁の草原から近くの樹木を上るように高く飛んでいくのです。それはきっとルリシジミでしょう。それは多分食草による生活空間のちがいによるのかもしれません。ヤマトシジミが食草とするカタバミや、ツバメシジミが食べるシロツメクサは地に這うようにあるわけですから、当然その近くを飛ぶわけです。それに対しルリシジミの食草は地上近くのクララなど草類もあれば、背の高いバラ科やミズキ科の樹木もあるので行動範囲が広がるのでしょうか。
　ルリシジミは基本的には多くのマメ科植物に依存し、春のフジ、夏のクズ、秋にはハギの類を中心に、主にその花やつぼみを幼虫が食べます。水元公園ではクズやハギはどこにでもあるのでルリシジミも見る機会が多いと思われますが、意外と限られた場所でしか見ていません。私自身の観察では植生保護区裏のサイカチ近辺や、水産試験場跡地奥の小さな林のあたり、時々桜土手でも目にしますが、多くは草原と林の接する環境です。秋、桜土手のハギに来て産卵しているのはほとんどがツバメシジミのようです。よく見るとルリシジミはブルーシジミの中でも少し大きめで、裏の模様もうすい灰白色に黒点をいくつかばらまいた程度のシンプルなものですから慣れれば見分けられるでしょう。その名の通り、翅表は美しいブルーです。特に雄は一面ブルーですが、雌は縁の黒色帯が広がるのでブルーの占める面積は狭くなります。しかし雌のそれは一層落ち着いた美しさに見えますが、どうでしょう。
　日本中に分布するルリシジミも水元ではあまり見られなくなりましたが、夏ハイキングにでかけると、林道の水たまりで集団吸水の場面に出会うことがあります。これらはすべて雄で、水分からミネラルなど栄養をとったり、体温調節などいろいろ言われますが、集団で宝石のような輝きを雌にアピールでもしているのかもしれません。

ルリシジミ

観察記録
1977：3／21、
1980：6／15、
1981：4／11、6／7、9／15、
1985：8／3、9／1、
1993：10／11mc、
1998：6／21mc、7／19mc、
1999：5／31fu、6／4fu、7／1、8／9、
　　　9／8fu、10／16fu、
2002：6／9、7／14、9／14、
2003：6／22、
2004：4／11、5／23、6／5、

＊他のブルー系のシジミと似ているので気が付かない人も多いが、数が少ないのも事実。こんな写真も撮るチャンスは少ない。

△桜土手にはハギの群落が所々にあり、秋には蜜を吸ったり、産卵する様子が見られる。

○主な観察地：
　植生保護区北側あたりとバードサンクチャリー沿いの林で時々観察される。

## シジミチョウ科
### ツバメシジミ
#### Everes argiades PALLAS

　春から秋にかけてヤマトシジミとともに公園の草原の主役はツバメシジミが演じます。両者とも同じ様な環境を生活場所とし、姿も似ていますが、そのちがいははっきりとしています。ツバメの名の通り後翅に尾状突起を持ち、またその付け根あたりにオレンジ色の紋を持つのがツバメシジミです。ただ古びた個体は尾が切れていたり、オレンジ色も薄れているので区別には要注意です。しかしさらによく見れば裏面はより白く、そこにある黒点もちがいますから、これは手にとって見ればわかるでしょう。わかりにくいと言えばツバメシジミによく似たタイワンツバメシジミという近縁の蝶が九州以南にいます。九州では混生しているところもあるようですが、こちらはオレンジの班紋が大きく、裏面の黒点も一部茶色になっているところで区別できます。ある時、水元公園でオレンジ部分の大きなツバメシジミをみつけました。もしや、と思いましたが、タイワンツバメであるはずもなく結局個体差の範囲ということになりました。しかしその「もしや」という気持ちは自然観察には大事な要素です。そこから新しい発見が生まれることもあるからです。地球温暖化にともなった南の生き物の北上が話題になっている昨今ですから「ありえないこと」と決めつけることも危険です。

　サトキマダラヒカゲとヤマキマダラヒカゲ最近ではアカシジミとキタアカシジミのように研究者の疑問への追及が、それまで同一種と思われていたものを新種登場への道につなげた例もあります。コヒョウモンとヒョウモンチョウなど図鑑を見てもそのちがいがよくわからないものもあり、最終的には交尾器などの専門的な比較も時には必要になります。ただ私たち街の愛好家はそういうこともあるんだぐらいの心構えを持っていれば十分とは思いますが。

　さて、ツバメシジミの観察はまず食草のあるところに行くことからです。公園遊歩道沿いや草原のシロツメクサが第一のポイント。幼虫の主たる食草であり成虫の吸蜜植物の代表でもありますし、移動性はほとんどないのでいつでもそこで会えるということになります。雄の翅の表は明るいブルーで美しく、雌は黒一色と目立ちません。春型では雌の黒い部分に青い鱗粉が出ることもあり、ハッとさせられることもあります。秋には桜土手のハギの植え込みをながめていると、目の前で花の付け根にお尻を曲げて産卵する様子が見られます。そこには小さな白い卵がついているはずです。すでにふ化した幼虫は花にもぐりこんでせっせと食事をしています。

　ふと傾きかけた日に葉上に休む成虫をかざして見ると、その縁毛の白く美しく輝いて見えるのに感動を覚えます。

　晩秋の幼虫はそのまま食草の根元などで落ち葉にくるまり冬を越します。

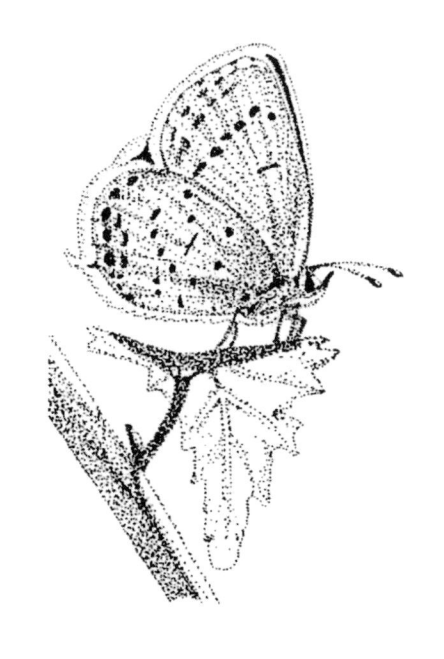

ツバメシジミ

＊小さな尻尾、翅裏の赤斑がその存在感を誇示しているようだ。

観察記録
1977：4／29、
1978：4／22、4／26、
1981：4／26、7／20、8／14、9／15、
1985：5／1、5／11、8／3、9／8、
1991：6／23mc、
1994：9／25mc、
1995：4／24mc、
1997：6／2mc、7／21mc、
1998：6／21mc、7／19mc、8／16mc、
　　　9／1mc、
1999：4／21fu、4／28ho、5／2fu、6／14
　　　7／1fu、8／4、9／3、10／1、
2004：4／11、

○主な観察地：
　苗圃の草地など比較的明るい空間や、桜土手のハギの花などでよく見かける。

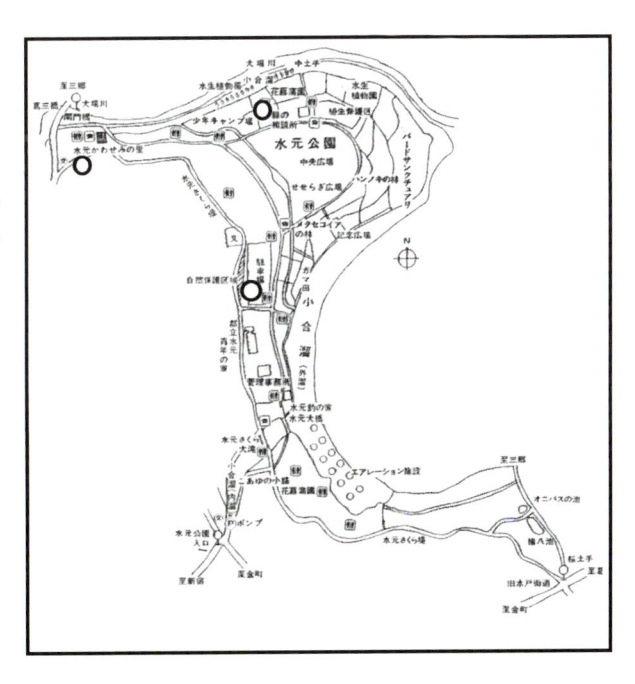

シジミチョウ科
　　　　ムラサキツバメ
　　　Narathura bazalus HEWITSON

　地球の温暖化に伴い、生物の北進傾向が言われて久しくなります。まず植物の北進があり、それを食餌とする動物の北進を促すことは必然的なことであり、昆虫界ではその報告が近年珍しいことではなくなってきました。もちろん人為的な移動も考えられますが、それが定着するとなればやはり地球温暖化の現実は着々と進んでいることがわかります。

　ムラサキツバメはもともとは南方系の蝶で日本でも紀伊半島、四国、九州から南西諸島では以前から普通に見られていました。それが2000年前後に東海から関東各地にかけて次々と発見されたのです。しかもより西に近い温暖の静岡、伊豆を上回る確認が関東の多くの場所で報告され、その移動については人為的なものかという見方が一般的のようでした。すなわち、成虫や幼虫を放したとか、卵のついた食樹（マテバシイ）を移植したためであろうとかが推測されていました。しかしその後、東海地区の昆虫愛好家たちが調査していく中で、紀伊半島と関東の中間地区のほとんどでムラサキツバメが確認されていることがわかり、やはり食樹であるマテバシイの北進（植樹）とともにこの蝶の移動も徐々に進行していったようだ（蝶そのものを人為的に移したというより、植樹が先行したわけですが、これは「人為的」ですからムラサキツバメの移動もそれに準ずると考えられます）というのが今のところの判断です。

　葛飾では2001年6月20日に区立北野小学校でSさんが初めて確認し、2002年10月30日にはFさんが水元公園で雌の写真撮影に成功しています。ムラサキツバメの食樹であるマテバシイは公害（風害、煙害、潮害、大気汚染など）や病虫害に強く、常緑で大きなドングリをつけ見映えのする形、色など都市環境にはうってつけの樹木として、公園や街路樹に多く移植されるようになりました。その拡大にあわせてムラサキツバメの分布も拡大し今では茨城から福島にまでその勢力は及ぼうとしています。

　マテバシイは水元公園にも所々に点在し、ドングリ拾いで親子連れの目標にもなっているようです。葛飾での成虫確認も時間の問題であったといえますが、その割には報告例が少ないのは、関心を持って見ないことがあると同時に、日中は葉にとまっていてあまり飛び回らないという習性にもよるのでしょう。またムラサキシジミにも似ているということもあります。ただその名（・・・・ツバメ）の通り後翅に尾状突起をつけており、シジミチョウの中では大型の部類ですから、慣れると確認しやすくなると思います。さらに言うと、実は成虫よりも幼虫発見のほうが簡単なようです。マテバシイの若い葉をつづって巣を造るので、時間・天候にかかわらず丹念に見ていけばそのうちきっと、、、宝探しの楽しさです。成虫は冬の間、葉にとまって越冬することで知られていますから、両方（越冬成虫、春から秋の幼虫）が確認されることになれば葛飾での定着も期待できることになります。それにしても昆虫類の北進は喜んでいいものかどうか、、、

ムラサキツバメ

観察記録
2001：6／20柴又の北野小学校sh、
2002：10／30fu撮影グリーンプラザ裏バラ園

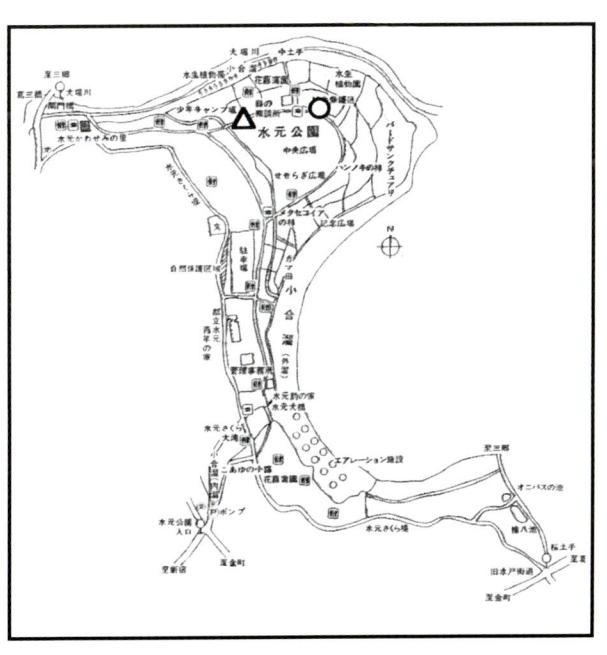

＊いよいよ水元にも定着することになるのだろうか。多くの眼で観察を続ける必要がある。（撮影：深川）

△公園内の所々にあるマテバシイで幼虫の造る巣を探すのが出会いのコツだ。

○主な観察地：
移植されたマテバシイが所々にあり、その周辺をあまり離れない。

## ジャノメチョウ科
### ヒメウラナミジャノメ
Ypthima argus BUTLER

名は体を表わすで、翅の裏に波模様のある（ウラナミ）ジャノメで小さく可愛らしい（ヒメ）蝶です。この名前、蝶に関心のない一般の人たちにはあまり馴染みがないでしょう。地味なジャノメチョウということもあるし、実際葛飾では今見ることもできません。この蝶に関する記録を探してみるとひとつだけ見つかりました。「東京都の蝶」（西多摩昆虫同好会編：1991年けやき出版）によると東京区市町村別の分布表の葛飾の欄に、「70年代に記録あり（その後の記録なし）」とありました。□印があるだけで、「いつ、どこで、誰が」記録したものかわかりませんが、23区内でもまだ生息している所もありますから葛飾にいた可能性は十分考えられます。ただその少し前に葛飾区立教育研究所が理科資料としてまとめた冊子「葛飾区内にいる主な昆虫」（1968～1969調査）には見当たりませんでした。もっともこの冊子はタイトル通り「主な昆虫」であって、蝶に関してもわずか20種しか紹介していないのですからもれていたのかもしれません。私自身はすでにこの頃最も生息可能性のある水元公園には来ていましたが確認していませんでした。残念なことです。

ヒメウラナミジャノメはススキなどイネ科植物が幼虫の食草であり、生息域は北海道から九州まで広く確認されています。発生地では数も多く5月の連休頃、東京近郊に出るとヒメジオンなどの花に沢山集まっているのが見られます。葛飾でもそういう風景が昔はあったのでしょうか。コムラサキ、ゴマダラチョウ、ギンイチモンジセセリなど他では珍しい蝶が今でも見られる葛飾なのに、ヒメウラナミジャノメはなぜ姿を消してしまったのでしょう。食草も十分に残されているのにです。そこに生き物が生きていく上で自然との微妙なバランスを感じざるをえません。昭和39年（1964年）の東京オリンピックを境に日本中が大きく変り、昭和40年代には都立公園として水元公園も大改造がありました。きっと多くの動植物に一時期影響があったにちがいありません。ヒメウラナミジャノメに何があったのか今となっては知る由もありませんが「いてもおかしくない、いたはずだ、また見られれば、もしかしたら」と心に留めておきたいと思います。ただお隣の三郷市には今も記録はありますから期待しましょう。

ウラナミジャノメの仲間は日本には5種生息し、うち3種は南西諸島にのみ生息（マサキウラナミジャノメ、リュウキュウウラナミジャノメ、ヤエヤマウラナミジャノメ）しています。九州以北の2種（ウラナミジャノメ ヒメウラナミジャノメ）も含めどれも細かく美しい波模様が翅の裏面にありますが、ジャノメチョウの特色である眼状紋はこれまた美しく金色のリングに輝き、他4種が前翅裏に1個、後翅裏には3個が基本であるのにたいしヒメウラナミジャノメは後翅裏に5個もの眼状紋を持っています。これが時には6個になったり、7個になったり、そんな変化を見るのも楽しみの一つといえますが、それも葛飾では夢のまた夢。

記憶にない記録のみの蝶がこれ以上増えないことを願うばかりです。

・・・・・実はその後自宅にある古い資料を整理していて、都立両国高校生物研究室がまとめた「水元・小合溜井の自然とその保護に関する調査」（1973年6月～1974年5月）という冊子をみつけました。昆虫類の中に6科20種の蝶の調査記録があり、ヒメウラナミジャノメの7～8月の生息が記録されていました。やはり生息していたのですね。1970年代後半には昆虫クラブの生徒たちと多くの目で詳しい調査活動を開始していましたが、すでにその生息は確認できませんでした。その間数年のうちにヒメウラナミジャノメは姿を消したものと思われますが、一体どのような変化があったのでしょうか。

ヒメウラナミジャノメ　　　　　　　　眼状紋を比べてみると

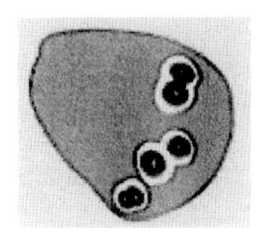

ヒメウラナミジャノメ　5個の眼状紋

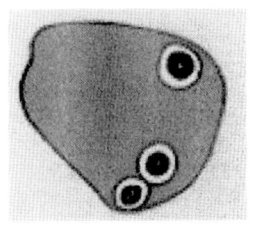

他のウラナミジャノメ　3個の眼状紋

○主な観察地：
　前頁の解説にあるように公園内のどこか具体的な場所は不明。しかし当時（両国高校1973〜1974の調査）公園改造がすでに進められていたことを考えると、やはり公園北部の小合溜沿いあたりの比較的手の入らない地域であったろうと思われる。

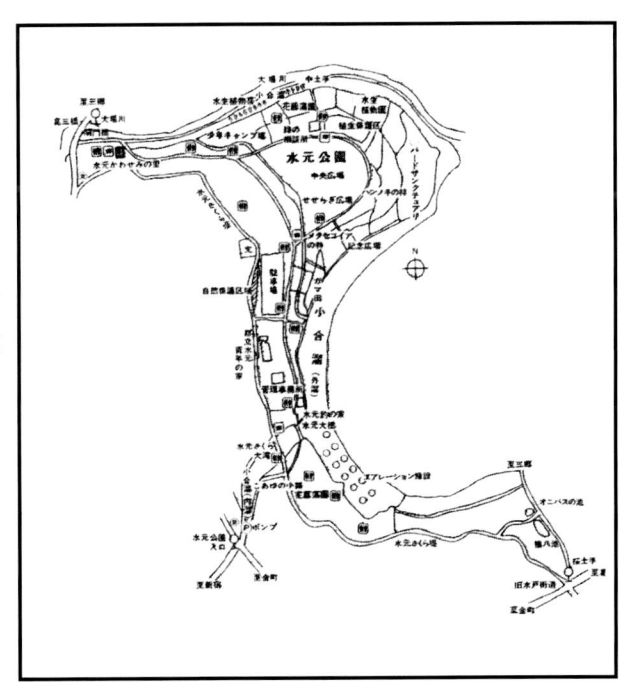

ジャノメチョウ科
クロコノマチョウ
Melanitis phedima CRAMER

　地球の温暖化のせいもあるのでしょう。もともと南に生息する生き物が北上しつつあるというニュースが時々聞かれますが、蝶の世界でもいくつかそういう話はあります。昨年今年と水元でもそんな話を聞きました。その主は「クロコノマチョウ」。ちょっと聞き慣れない名前と思われるでしょう。それもそのはず、この蝶は今までに葛飾での記録はありません。昨年の「ヒメキマダラセセリ」撮影初記録に次ぎヒットニュースです。日頃の観察力のたまものといえます。

　「クロコノマチョウ」はその名の通り、「木の間」に生息する「黒い」蝶ということでしょうか。ジャノメチョウ科の蝶で以前から分布域を拡大しつつある蝶ということで蝶の世界では有名な蝶のひとつです。蝶が分布を広げるには、そこに餌となるものがあるかどうか、気温などの気象条件があうかどうかそしてさらにその他の生活環境などがあげられます。クロコノマチョウ幼虫の餌はススキやジュズダマなどのイネ科植物で、水元公園は一応合格。近年の暖かい秋、冬などを考えると成虫で越冬する彼等にとって水元生息の可能性は考えられます。三浦半島、房総清澄山などではかなり以前から確実に定着しており、すぐ北、東京への進出は現実的なものといえます。成虫が生活する樹林も小さいながらバードサンクチュアリーを含めた公園は夢を持たせてくれます。こう書くと「クロコノマチョウ」はもう水元の蝶のような気になってしまいますが、本当にその土地に定着しているかどうかは厳密にはやはりいくつかの条件をクリアしなければなりません。例えば、数年続けてその発生が確認できること。卵、幼虫、サナギ、成虫の全ステージが野外で確認できること。そして寒い冬を越した（卵、幼虫、サナギ、成虫などいろいろな越冬態がありますが）後の新しい世代が確認できること。なかなかここまで観察するのは大変なことです。「クロコノマチョウ」が定着して水元の蝶になるかどうかは今後の観察が大切になります。

　ところでジャノメチョウということから「クロコノマチョウ」も「地味な」というイメージを持たれるかもしれませんね。初夏に夏型が発生し秋型になって数を増しますが、林の中の落ち葉に休んで人の目にふれる翅の裏は枯れ葉そっくりでまさしく地味に見えます。ところが翅の表を見ると、迫力満点。大きく黒い姿の夏型、そして秋型はさらに大きく多少赤黒く変色した前翅の上部にはオレンジ色のワクでふちどられた眼状紋、さらには侍のカミシモのような独特の翅形。ジャノメチョウに対するイメージは一新されるでしょう。コノマチョウの仲間でもう一種「ウスイロコノマチョウ」という蝶が日本には生息しています。多少小さめで色はさらに地味な灰褐色系になりますが、この蝶は「クロコノマチョウ」よりずっと南方系であるため本州では定着していません。ただより活発で移動性もあり迷蝶として各地で発見されることがありますから、水元にも来ないとはいえません

　新しい蝶たちが水元に住み着いてくれることはうれしい反面、地球規模で見れば、自然環境の変化（破壊）との関わりもあり複雑な思いになります。

クロコノマチョウ

観察記録
1999：10／8ig、10／17fu、11／10fu、
2000：10／4メタセコイヤ林ig、

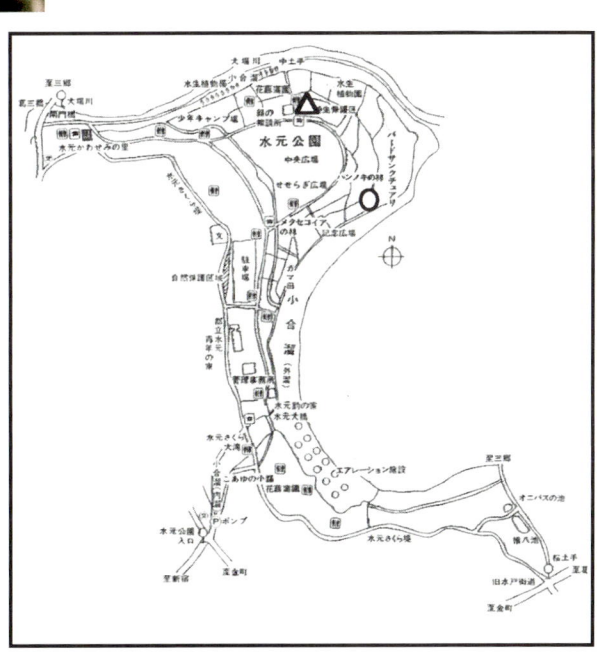

＊いくら枯葉に擬態しても動いてしまえば意味がない。じっとしていることをなぜ神様は教えなかったのか。（撮影：五十嵐）

△昔はどこにでも見られたジュズダマなのに、今は都会では意識的に育てなければならないようだ。

○主な観察地：
　バードサンクチャリー近くの林で観察されている。

ジャノメチョウ科
　　　ヒメジャノメ
　　　Mycalesis gotama MOORE

　ジャノメチョウやセセリチョウの仲間はどうも一般の人達からは見向きもされず、それどころか嫌われものといっていいかもしれません。郊外では時々家の中に入ってきて窓辺や電灯でバタバタしては鱗粉をふりまいたり翅は茶色や黒系統の地味な色が普通で、蛾のイメージをもつ人が多いからでしょうか。ところがよく見ると、渋い美しさをもったものがけっこういるのです。ヒメジャノメもその一つで、翅の裏にある眼状紋は金色に縁どられていて、薄茶色の地味な表にくらべ一瞬目をひくものがあります。天敵である鳥たちにもそれなりの効果があるのかもしれません。

　さて、ヒメジャノメはちょっとした草むらがあれば東京でもどこでも見られます。もちろん水元公園でも。そして奄美大島以南の島々にも似たようなチョウがいるのですが、それはリュウキュウヒメジャノメ。名前がちがうように本土のヒメジャノメと比べればその違いははっきりとわかります。本土のものは全体的に薄茶色ですが、南にいくと島ごとにその色が変化していきます。奄美、沖縄本島では本土のものより黒みがかった色になり石垣島、西表島、与那国島と南へ進むほど翅の色は黒さを増し、金色の眼状紋も大きく迫力をもって輝いて見えます。本土のヒメジャノメと南の島のリュウキュウヒメジャノメは別種とし、奄美、沖縄のものと八重山諸島のものとではそれぞれリュウキュウヒメジャノメの亜種としていますが、並べて見ると見た目の違いは歴然としており、そのうち（一千年？一万年？後に）別種として独立するかもしれません。食草はいずれもイネ科やタケ科などの植物。雌は雄よりも翅に丸みがあって全体的に大きく、眼状紋も発達してより魅力的です。本土とおなじように沖縄でもこのチョウは普通に見られ、道端の草むらをたたくとまるであやつり人形のようにヒョコヒョコと飛び出してきます。天気が悪く他のチョウが見られない時でも足元に姿をだしてくれるのでうれしくなります。場所によっては本土のヒメウラナミジャノメに似た、マサキウラナミジャノメ、リュウキュウウラナミジャノメ、ヤエヤマウラナミジャノメなどが出てくることもありますから見逃すことができません。リュウキュウ、ヤエヤマなどという言葉がつくだけで胸がときめいてしまいますがこれらのチョウは島と島の間を移動することもほとんど考えられないことから、長い期間に島独自の顔をもつようになったのだと思われます。多くの人達からもっと目を向けられれば、さらにいろいろな発見があるかもしれません。

　さて東京にもどって水元のヒメジャノメですが、あるとき理科の教師をしている友人が「また蛾が家の中に入ってきた」というのです。それはもちろんヒメジャノメだったのですが、夕方窓から侵入して、窓辺や灯りの周りでバタバタされると虫の苦手な人はいやがるでしょう。そしてイヤな虫は「蛾」ということになってしまいます。理科の先生にしてこれですから、ヒメジャノメにも蛾にも迷惑な話です。

ヒメジャノメ

＊ヒョコヒョコとマリオネットのように草むらを飛び回り、とまってからは、さあ、撮ってくれとばかりのポーズをとる剽軽者。

観察記録
1977：5／25、
1981：6／9.3♂1♀、8／14.2♂、
　　　9／13.1♂1♀
1985：10／10、
1991：8／11mc
1993：9／25mc、10／11mc、
1994：5／30mc、
1996：7／15mc、
1999：5／20fu、6／1fu、6／6、7／1、
　　　8／5fu、9／8、10／1、
2001：10／21mc、
2002：9／29、
2003：5／27su、8／31、9／16、9／27、
2004：5／23、5／24、6／14、

○主な観察地：
　樹林の間の草地に分け入るとヒョッコリ飛び出す。行楽客のためそんな草地が少なくなってきた。

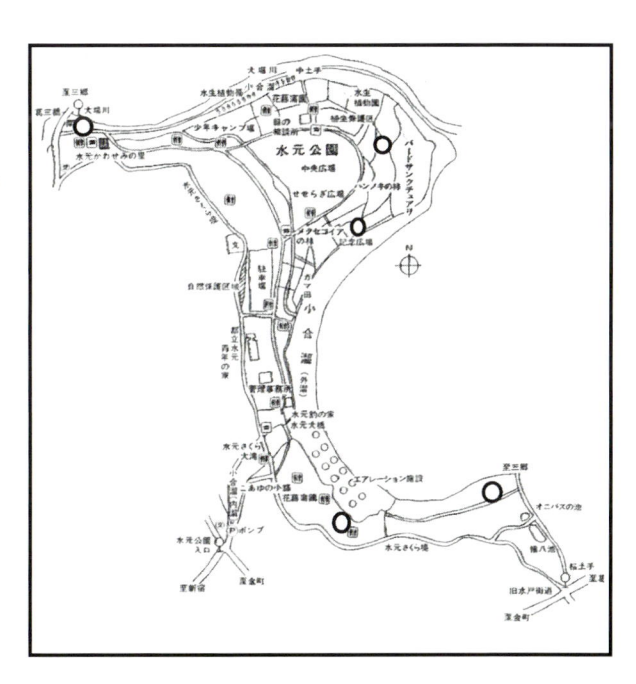

セセリチョウ科
イチモンジセセリ
Parnara guttata BREMER & GREY

　毎年これほど目にされながらこれほど無視されている蝶も他にないでしょう。全国北から南、平地から山地に至るまでどこでも姿を見せ、時には集団での移動も観察されるというのに。セセリチョウの仲間の多くは地味な茶褐色で胴体（腹部）も太く、蛾の仲間だと思っている人も多いようです。もっとも分類上は鱗翅目でいわゆる蛾と呼ばれる昆虫と同じグループにいるのですから間違いともいえません。ただ蛾だから気持ち悪い、関心がないと思われるのではあまりにもかわいそうです。イチモンジセセリもよく見ると筆先のような特徴ある触角、円く大きな眼、茶褐色の翅（後翅）に白色の紋が一列に並びけっこう可愛いものです。残念なことに興味のない人はそこまで気付くこともないわけで、何かに関心を寄せるかどうかでその人の世界の広がりが大きく変わってしまうような気がします。
　さて、このイチモンジセセリは水元でも多く見られ、特に夏から秋にかけてその数を増し、多くの花に集まって吸蜜している姿があります。アベリアの植え込みで落ち着きなく飛び跳ねるように次から次へと移動していきますが、そうした姿からか英名でもライススキッパー rice skipper と呼ばれています。イネ科植物を食べスキップするように飛ぶ蝶ということでしょう。幼虫はイネなどの細長い葉を綴って巣をつくりますが、それを苞（つと）と言って昔からイネツトムシの名で、イネの害虫とされてきました。幼虫の食草はイネばかりではなく、イネ科植物のほとんどを食べますから、草地でそうした巣をみかけたらちょっと覗いてみてください。何が出てくるかお楽しみ。他の幼虫であったり、クモの仲間であったり、運がよければイチモンジセセリのサナギかもしれません。私たち都会人にとっては害虫というイメージはほとんどなく、食草の関係からかその発生数のわりには庭先では時々見る程度です。弾丸のように直線的に素早く飛び回りますが、すぐ花や葉に止っては一休み。すると別のイチモンジセセリがすぐその後にくっつくように止ります。どうも後からきたのは雄のようで、前のが飛び立つとすぐ後をしつこく追いかけていきます。これじゃスキッパーというよりストーカーか。しかしこれは決していやがらせではなく、彼等の結婚に至る儀式でもあるのですから温かく見守ることにしましょう。「かわせみの里」近くのアベリア道路ではそうした様子が集団で見られるのですからなんともせわしいことです。集団といえばイチモンジセセリが集団で移動するという話を聞きますが、その現象は主に東海地方から関西にかけて観察例があるようで、なぜそうした行動をとるのかまだよくわかっていないようです。アサギマダラの渡りについては本州でマーキングされた個体が南の島で再捕獲されるなど、その経路や渡りの理由など解明が徐々に進んでいるようですが、無数に飛ぶ小さなイチモンジセセリで同様の研究はまだこれからというところでしょう。でもどんな小さなことにでも追究の余地がある、これが趣味の楽しみでもありますね。
　水元のセセリチョウは圧倒的にイチモンジセセリですが、イチモンジセセリに似たまぎらわしい蝶もいくつか観察できますので図鑑などで確認してください。今まで水元で観察できた茶褐色系で白紋を持つセセリは次の4種です。
イチモンジセセリ　　オオチャバネセセリ
チャバネセセリ　　　ミヤマチャバネセセリ
イチモンジセセリ以外は稀です。

イチモンジセセリ

＊ゆっくり休んでいるのか、いざ飛び立とうとしているのか、名前の由来となる一文字の白紋とともにいつもこんな姿で葉上に見られる。

観察記録
1980：6／15、
1981：6／29、7／19多、9／13多、
1993：10／11mc、
1998：8／16mc、9／4mc、
1999：5／13fu、6／4fu、8／5、9／3、
　　　10／1fu、11／14、
2001：9／16mc、10／21mc、
2002：7／14、8／24、9／14、9／23、
　　　9／29、10／5、10／6、10／12、
　　　10／15、10／28mc、
2003：6／2su、9／16、9／27、10／5、
　　　10／19、11／2、
2004：5／23、5／24、7／12、8／10、
　　　8／21、9／6、9／13、

○主な観察地：
　公園内のどこでも見られるが、アベリアの植え込みでは特に多く見られる。

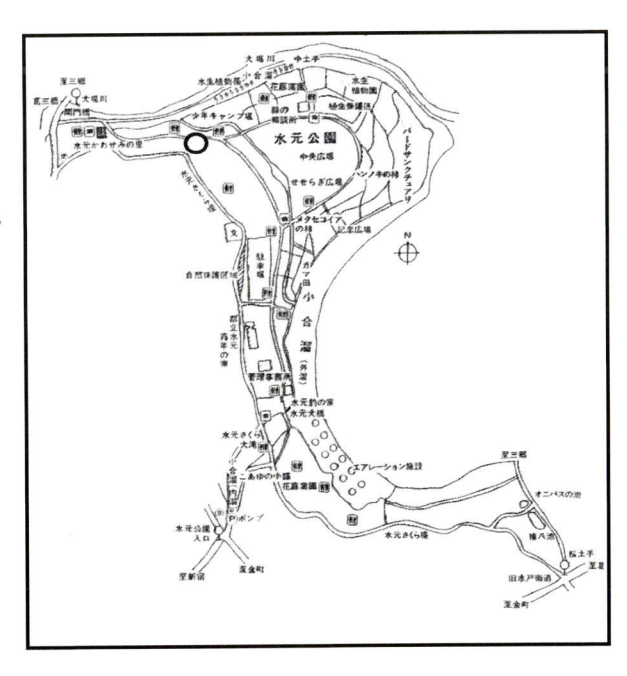

## セセリチョウ科
### ギンイチモンジセセリ
Leptalina unicolor BREMER & GREY

　ちょっと他のセセリチョウとはちがいます。翅の表は黒一色ですが裏面はその名の通り茶褐色の地色に銀色の一直線（特に春型はハッキリしています）が走り、翅も胴体もジェット機のようにスマートでとてもセセリチョウの仲間とは思えません。それなのに飛び方は他のどのチョウよりも不細工で、これまたとてもセセリチョウの仲間とは思えません。そんな珍しいチョウが水元公園には昔から生息しています。しかしその珍しさは色、型だけで言うのではなく、実はその存在そのものにあります。ギンイチモンジセセリの幼虫はススキなどを食べますが、河原や田の畔近くなどで見られた昔ながらの日本的なススキの風景はだんだんとその姿を消してきました。開発や逆に放置されることにより外来種の優性な雑草にその場を奪われたりしてきたからです。ススキの原の消滅は当然ギンイチモンジセセリの存続にかかわってきます。ギンイチモンジセセリが見られるということは昔ながらの日本的風景が残されているということにほかなりません。今東京２３区で記録にあるのは多摩川の河原など一部、そして葛飾の水元公園です。そういう意味でこのチョウが貴重で珍しいということがおわかりでしょう。
　２０年以上も前に野田市の清水公園周辺の休耕田で春、このチョウの大発生に出会ったことがあります。チラチラと遠くへ飛び去ることもなく暖かい陽ざしを浴びて遊んでいました。飛び方もチラチラと弱々しいのですが、翅の表裏が対照的にチラチラと見えるのです。水元公園ではそのような大発生を見たことはありませんが、やはりその頃、時期になれば必ず卵から成虫まで確認できたものです。３０年も前には芝生の山あたりは畑とススキの原でいたるところで生息していたのです。今は、、、本当に限られた場所、少し手入れの悪いサンクチュアリの柵沿いやその内側、時には芝生の山の下あたりまで進出することもあるようですが寂しくなりました。ギンイチモンジセセリはただ歩いているだけではなかなか見られません。飛ぶのも面倒くさいといったチョウですからたいていは草むらで休んでいます。春よりもどちらかといえば夏、そんな草むらをたたいてみると出てくるかもしれません。その弱々しい飛び方がその運命を予感させるようでもありますが、、、
　今年の５月連休の頃、バードサンクチュアリー第３観察舎近くの発生場所に行ってみました。草むらにはいつものようにその姿がチラホラ見え隠れしています。うれしくなって脇を通る行楽客たちに「見てください。あの蛾のような虫はギンイチモンジセセリといって、東京ではとても珍しい蝶なんですよ」と思わず話しかけてしまいました。たまたま足元にはケラが歩きだしていて、若い親子連れに「これがオケラです」と説明。でも残念ながら多くはフーンといった程度の反応で、世間の虫ばなれを再確認することとなってしまいました。

ギンイチモンジセセリ

＊いかにも精悍な姿だが、飛ぶ様はなんとも心もとない。とまっている時が一番カッコイイ。

△５月連休中、成虫が飛び卵が産みつけられたこの草地も間もなく刈りとられる。

△この卵は無事だったろうか、、

○主な観察地：
　ほとんど移動しないためバードサンクチャリー内と周辺の限られた数カ所で毎年見られる。

観察記録
1978：4／26、
1981：5／5、7／19、
1985：7／25、9／1、9／8、9／14、
1990：5／1mc、
1993：8／5mc、
1994：4／24mc、
1996：7／22mc、
1997：4／22mc、
1998：4／22mc、
1999：5／17fu、7／1、
2001：5／4多、
2002：4／23、
2003：5／3、5／7、
2004：4／17sh、4／18sh、4／20sh、
　　　 4／23sh、

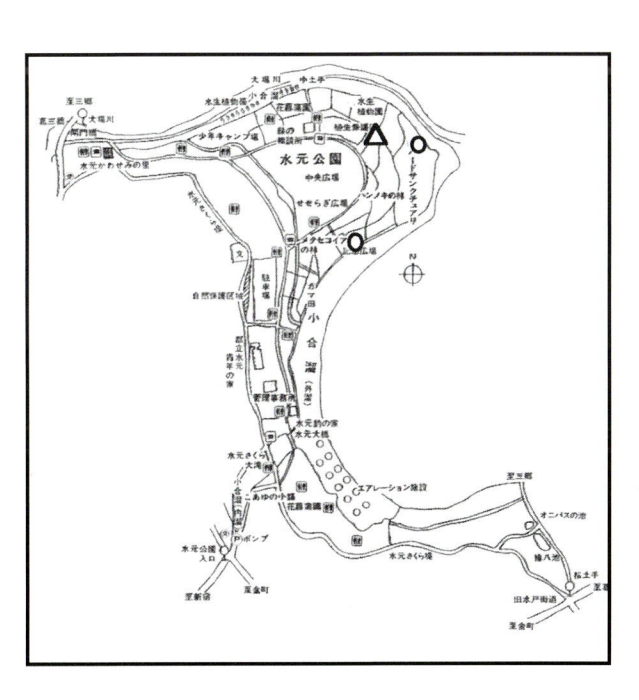

セセリチョウ科
　　　ヒメキマダラセセリ
　　　　Ochlodes ochracea BREMER

『本州、四国、九州に分布し、北海道にはわずかな記録がある。南西諸島や他の島々では生息せず、やや山地性で関東平野や濃尾平野など平野部にも産しない。本州北部、山地では年1回の発生（6～8月）、本州中部以南では年2回の発生（5～6月、8～9月）である。疎林、樹林の周辺や林内の開けた場所、谷間などに多い。チヂミザサ、ススキなどイネ科やカヤツリグサ科を食べる』（原色日本蝶類生態図鑑・保育社）

　以上は図鑑などで一般的に説明されている文面です。これをみると東京など都会でヒメキマダラセセリを見る機会はまずないようです。西多摩昆虫同好会というところでまとめた「東京都の蝶」によってもこの30年あまり23区内での記録はありません。その他の資料をみても、また私自身の調査からも今までいっさいその姿は見えません。山地性の蝶ですからもともといなかったのかもしれないし、記録にとどめられなかっただけかもしれません。いずれにしてもそれが23区内で確認されたとなれば、それは大変貴重な記録となります。ある種の生物の確認はその地域の自然度やその当時の気象など自然現象、地域社会の変化など私たち人間が生きていく生活環境に密接に関係をもつものです。そうした意味で記録を残していくことの重要性を感じるのですが、実は昨年の秋、友人が水元公園で撮影した写真の中にヒメキマダラセセリの姿がありました。これは非常に珍しい記録で、もちろん葛飾では初記録。苗圃のブッドレアにきていたものです。どういった事情で水元に飛来してきたのかはっきりしたわけはわかりません。たまたま撮った中にあったというものですが、もし写真の中になければ今だにヒメキマダラセセリは「未記録種」のままでいたことになります。こうして今まで気付かずにいたことがけっこうあるのではないでしょうか。

そこで虫に関心を持つ人たちに次のような呼びかけを考えてみました。
　お願い！
　いよいよ今年も虫たちが動き出すシーズンとなります。最も目にしやすい「チョウ」を中心に記録の集積をし、そうした虫たちが生息する水元、葛飾の自然を守っていくひとつの資料としたいと思います。さしあたって今年いっぱいの調査、記録収集にご協力をお願いしたいのですが、報告用チェックリストを用意いたします。その都度では大変ですので、ついでの時（観察会など）、年末にでもまとめてお寄せください。月ごとの集計ならなおけっこうです。用紙がなくなった場合には連絡していただくか、またはどんなメモ用紙でもかまいません。
　私が今まで葛飾で確認してきた（わかる範囲で）蝶のリストを紹介します。多分二度と見られない蝶もあるでしょう。でも再発見、新発見があるかもしれません。お気づきのときにチェックしてみてください。（蝶以外の虫についてもぜひ記録を！）
あなたも記録に残ることになります。

記録例
　種名　　ツマキチョウ多数
　場所　　西水元5丁目の○○
　日時　　4／8、午後1時頃、
　メモ　　晴れ、気温高く汗ばむほど、雄多

　**　できれば写真（や標本）で残せるといいと思います。
　**　あまり細かく書こうとするとおっくうになりますので、場所、日時くらいでもけっこうです。

といった調査を多くの人たちの目で、特に子供たちにも簡単にできる作業を通して、記録が積み重ねられ、また自然への関心が深まるきっかけになればこれにこしたことはありません。

ヒメキマダラセセリ　　　　　　　　観察記録
　　　　　　　　　　　　　　　　　1998：10／9ig

＊この蝶が都会の公園にくることは滅多
にない。そして目にすることはもちろん、
まして写真に撮られることなど、、、
　　　　　　　　　（撮影：五十嵐）

△バタフライフラワーと呼ばれる
ブッドレアには多くの蝶が集まる。
ヒメキマダラセセリもここにいた。

○主な観察地：
苗圃内でたまたま撮影された。

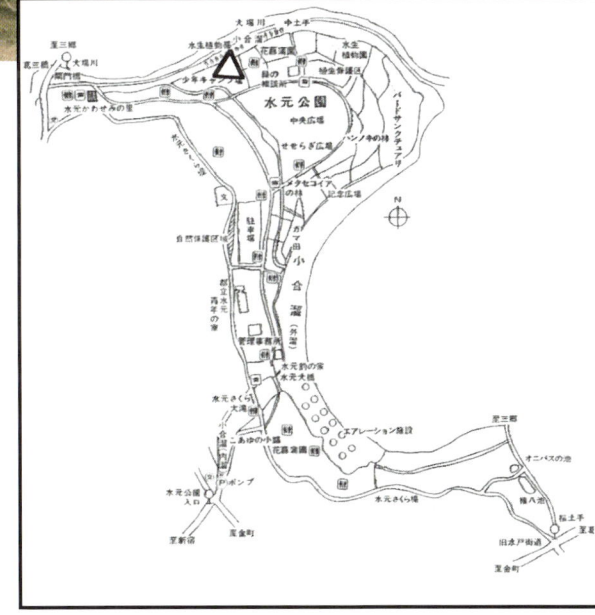

## セセリチョウ科
### キマダラセセリ
Potanthus flavum MURRAY

　セセリチョウの仲間というと地味な蝶というイメージ、いや、気持ち悪いなどという印象を、さらにはセセリはガの仲間だと思っている人さえいます。しかし中にはけっこう美しい（異論が出そうですが）セセリチョウもいるのです。水元にかぎっての話ですが、裏面がきれいなのはギンイチモンジセセリ、そして表面から見ればキマダラセセリがあげられるでしょう。黒茶に黄色い斑紋のコントラストはよく目立ち、裏面のオレンジ色も自然の光の中では、ハッとするような明るい美しさを感じさせます。日本中どこにでも生息しているのにイチモンジセセリのようにまとまって見ることはありません。広い草原よりは林縁に沿った明るい草地を、時には突き出した枝先の葉上にとまっているのを見ます。水元では水産試験場跡地やバードサンクチュアリーの林に沿った草地で、さっ、さっと花から花、葉から葉へと素早く移動していきます。とまり方はセセリチョウの仲間でよくあるように、後翅は全開、前翅を半開にして、それはまるで今にも飛び出しそうなジェット機のようです。愛好家の中でもあまりセセリチョウグループは人気がありませんが、それは腹部が太く翅が比較的小さなセセリチョウは、飛ぶときに大きな力を必要とするため、翅の付け根の筋肉が強く、だからはばたくと鱗粉がとぶ、また翅を広げて（展翅して）標本を作るのも技術を必要とする、、、など。こうしたことも美しさという観点でのマイナスイメージに付け加え、愛好家にさえあまり好まれないのかもしれません。昆虫の楽しみ方はそうした表面的なことだけでなく、生態や地域的特色など一歩踏み込んだ触れ方をするともっと興味がわいてくると思うのですが。そうすれば「きれいだ」「かっこいい」「気持ち悪い」などというのは二の次になるでしょう。

　キマダラセセリの食草はススキやジュズダマなどイネ科の植物で、多くのセセリチョウと共通しています。関東あたりでは春と夏に年二回発生するようですが、私は水元でまだ春型を見たことはありません。8月下旬の残暑のまだ厳しい頃、伸び放題の草むらでの出会いは一瞬緊張が走り、背筋を流れる汗がゾクっとすることがあります。キマダラセセリは探しにいっても見つからない、たまたま出会える、そんな蝶です。探す目的なら成虫よりも幼虫のほうがおもしろいかもしれません。以前成虫を見たことがあるような場所にはジュズダマやエノコログサなどの草が繁っているでしょう。つーっとのびた細長い葉が途中葉表を内側にして筒状になっているものがあったら、そこには幼虫がいる可能性があります。時には蛹であるかもしれません。ただ多くのセセリチョウは食草も含め、同じ様な生活をしているので、必ずしもキマダラセセリとは言えず、他の昆虫かもしれず。それもまた楽しいではありませんか。幼虫はこの筒状の巣の中で冬ごもりもします。

余談・・・「キマダラ」という名前、どうも美しいというイメージからは遠く、やはりジャノメ、セセリの仲間が多いようです。
　日本産蝶の和名：「キマダラ」づくし
セセリチョウ科　　　　　　キマダラセセリ
　　　　　　　　　　　　　コキマダラセセリ
　　　　　　　　　　　　　ヒメキマダラセセリ
　　　　　　　　　　　　　タカネキマダラセセリ
　　　　　　　　　　　　　アサヒナキマダラセセリ
　　　　　　　　　　　カラフトタカネキマダラセセリ
タテハチョウ科　　タイワンキマダラ
ジャノメチョウ科　　サトキマダラヒカゲ
　　　　　　　　　　　ヤマキマダラヒカゲ
　　　　　　　　　　　ヒメキマダラヒカゲ
　　　　　　　　　　　　　キマダラモドキ
ひとつだけ可愛い？のがありました
シジミチョウ科　　　　キマダラルリツバメ

キマダラセセリ

＊地味なセセリチョウの中でも、比較的明るい色合いで、林と草地の間を飛び回る。

観察記録
1980：8／14.1♂、8／15.1♂
1992：8／23、
1993：9／1mc、
1997：5／31mc、6／2mc、6／5mc、
1999：6／10fu、8／15、
2002：6／9、8／24、
2003：6／22、8／27、8／31、

○主な観察地：
　公園北部と南部水産試験場跡地の林縁で見られるが、数は少ない。

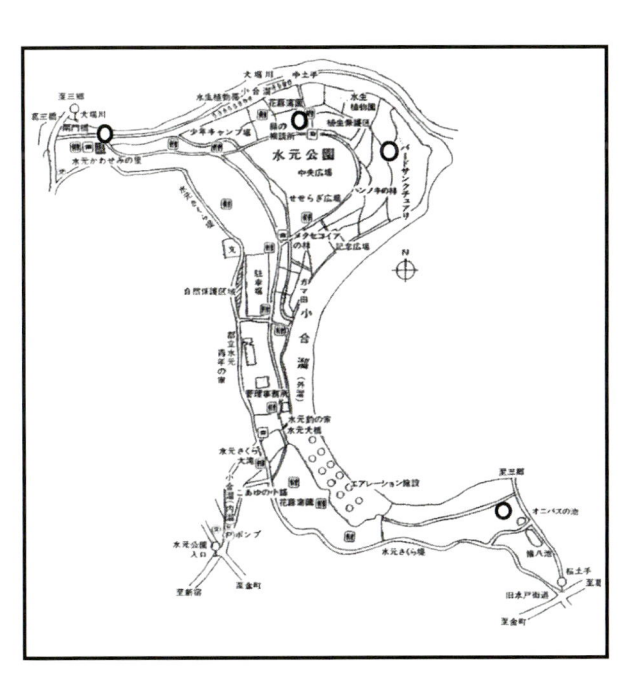

## セセリチョウ科
### チャバネセセリ
Pelopidas mathias　FABRICIUS

　飛んでいるのを見ただけでは区別のつきずらいチャバネセセリグループの中でも、さらに目立たない存在と思えるのがチャバネセセリです。黒褐色の翅にいくつかの白紋を持つこのグループの蝶は、その白紋の数や大小、配置で大体は区別できるのですが、チャバネセセリは小さな点ばかりで、しかも雌雄では微妙な違いもあるという判別するのに苦労させられる蝶です。トガリチャバネセセリとは雌雄ともほとんどそっくりですが、トガリが奄美、八重山諸島に生息するという点でチャバネと区別するより他ありません。トガリは名前の通り前翅先端が尖っている印象はありますが、写真や標本を単独で見ただけではやはりどうも、、、

　イチモンジセセリやオオチャバネセセリと同じような環境で生活しています。ただ水元ではイチモンジセセリの圧倒的な数の中でほとんど気が付かれることはないようです。飛び方はかなり速く、まさに黒い弾丸といったところ。今までにきっと目の前にもいたのでしょうが気がつかないで過ごしてきたにちがいありません。

　ある日、植生保護区隣の林に入ったとき、葉の上にセセリチョウを見つけました。普段なら気にもしなかったでしょうに、「あれ、こんなところに」という思いでよく見てみると、鳥のフンを口吻で吸っているところ。しかも例の白紋が小さく目立ちません。イチモンジセセリでないことだけはハッキリしたので一応カメラにおさめ、さらに観察を続けました。後で写真をよく見てチャバネセセリと確認できました。蝶たちの多くはよく湿った土地に降りて吸水したり、獣糞や熟した果実などに来て口吻（ストロー）を伸ばしていることがあります。夏の暑い時期に体温調節のために吸水したり、ミネラルなど栄養分を補給していると言われますが、鳥のフンについてはどうなのでしょう。というのは、多くの場合鳥のフンは乾燥して固まっており、どうやってそこから栄養なりを吸いとることができるのか、いつも疑問に感じてしまうのです。蝶を引き付ける何かはあるのでしょうが、口吻を伸ばしているのは単なるポーズで終わっているのか、特別な機能であの細いストローが働いているのか、よくわかりません。ただこのポーズをとっているときの蝶は最も集中しているときで、観察・シャッターチャンスの機会でもあります。それは花の蜜を吸っているときよりも安定しており、樹液や獣糞などには特別な魅力が隠されているのでしょう。

　セセリの仲間は目にも止まらぬスピードで飛ぶものが多いのですが、それは長続きせず目で追っていれば静止する場の確認も簡単にできます。とまったらじっくり観察をしてみましょう。イチモンジばかりと思っていたら意外とオオチャバネ、チャバネセセリもいるかもしれません。

チャバネセセリ

観察記録
1981：9／8.2♂、9／13.2♂1♀、
1993：10／11mc、
1998：5／17mc、
1999：10／20fu、11／5、
2001：8／19mc、
2002：10／5、
2003：8／31、

＊薄暗い林の中で鳥のフンを吸っていた。姿色合い、行動、なにからなにまで地味な印象を持った。

○主な観察地：
　植生保護区周辺でしか見ていないが、他のセセリチョウの観察時に注意すると見つかるかもしれない。

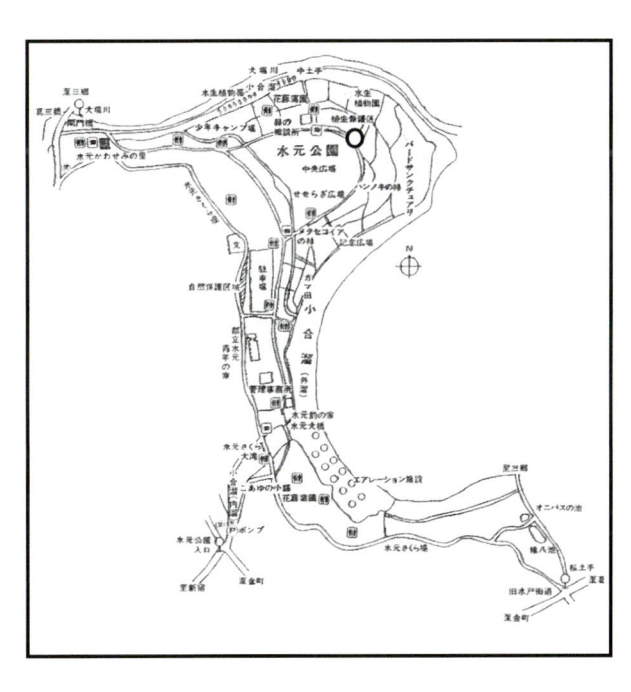

セセリチョウ科
ダイミョウセセリ
Daimio tethys Menetries

　「葛飾区内にいる主な昆虫」（葛飾区教育研究所：昭和43〜44）の中で紹介されているわずか20種類ほどの蝶のグループにダイミョウセセリがありました。その頃すでに私は水元公園に出向いていましたが、残念ながらこの蝶の姿は見ていません。その後何年も経ってから当時の標本が教育研究所に保管されていることを知り、見る機会を得たのですが、ここでもダイミョウセセリを見ることはありませんでした。しかしあの特徴的な姿をした蝶を見誤ることはないはずで、昭和40年前後を境に姿を消していったのでしょうか。私の子供時代にはその食草であるヤマノイモは民家の庭にもあり、垣根に巻き付く蔓についた小さな実をパチンコの弾にしたりして遊んだ憶えがあります。注意深く見ていればきっと水元公園はもちろん葛飾のどこにでもいたのかもしれません。昭和39年の東京オリンピックの前後に日本全体が大きく変わっていった時代ですから、水元も葛飾もどんどん都会化していったのは事実です。近隣の足立区、江戸川区でも記録はあるようです。また江戸川をはさんで松戸市、市川市では現在も確認されていると聞きますから、葛飾でも再発見の可能性がないわけではありません。ただ食草のヤマノイモが都会の公園には見苦しい雑草としてすぐ片付けられる現状ではダイミョウセセリが定着する道は厳しいものがあります。
　そんな折、植生保護区の南側を散歩中に何かサッと動く黒いものが視界に入りました。セセリチョウであろうことはすぐわかりましたが、葉の表にとまる姿はなんとダイミョウセセリだったのです。（2003.10.19）
実に35年ぶりの再確認となりました。

　ダイミョウセセリの特徴はセセリチョウの仲間には珍しく翅を開いてとまること、そしてその目立つ紋様が日本の東西でわかれるということです。すなわち西日本では黒い前後翅に白点が並ぶのに対し、東日本では後翅の白点はほとんで消えかかって、両者が並べば別種のように見えるほど印象がちがいます。その境界線は福井県から三重県あたりにかけて両方のタイプや中間型が見られるということから、近畿と中部の間を境としているようです。

　和名の由来は学名にDaimio（大名）とあるように学名記載者がもともと日本語からとったようですが、その経緯はよくわかっていません。とまり方が大名行列でひれ伏す人たちの姿に似ているから、紋付を着ている大名のようだから、大名行列の先頭で両手を広げた奴さんのように見えるから、などいろいろな意見を耳にします。私自身は前翅だけに白紋をつけた東日本型が侍（大名）の紋付姿に見えてなりません。

　それにしてもこの蝶、飛び方は速いのですがすぐ葉の上に翅を開いて、しかも目の高さ程度のところにとまるのですから、「写真を撮ってくれ」と言わんばかりです。幼虫は食草の葉を他のセセリチョウと同じように巻いて巣を造りますから慣れれば見つけやすいものです。ダイミョウセセリの幼虫はちょっと太めの緑色のイモムシ。どんな葉でも意図的に巻かれたものであれば、そこには何かがいるはずで、そっとのぞいて見るのも楽しいものですよ。蝶の幼虫であったり、蛾の幼虫であったり、時にはクモが飛び出してきたりと、、、、、、

ダイミョウセセリ

観察記録
2003：10／19撮影、

＊水元では久しぶりの発見。見つけたのは偶然。目の前でとまってくれたのも偶然。運がよかった。

△クロマツを中心とした植生保護区は金網で囲まれており、そこにヤマノイモの蔓もまきついている。

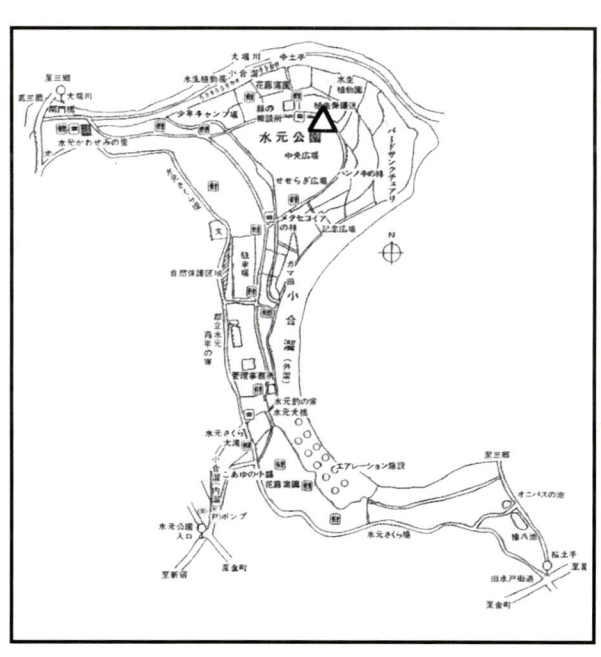

○主な観察地：
　植生保護区南側の日当たりの良い場所で見られた。

テングチョウ科
　　　テングチョウ
　　　　Libythea celtis FUESSLY

　テングというのはもちろん鼻が高い（長い）のでつけられた名前ですが、これは本当は頭部にある口器の一部の下唇ひげと呼ばれる部分が長くつきでたものです。テングチョウの仲間は世界にいくつもありますが日本では一種だけが生息しています。テングのハナもさることながら翅（ハネ）の形も裃（かみしも）でもつけたような独特のものです。そんなチョウを水元で見つけたときにはビックリ、ワクワクしてしまいました。

　昔、テングチョウは「山のチョウ」とばかり思っていました。というのはいつも山の中でばかり見ていたからです。崖にぬられたセメント面や路上でよく吸水していることが多いのですが、陣馬山、甘利山、内山峠などでそれこそハエのようにワンワンと群がっているのを見て圧倒されたものです。時には山のチョウであるシータテハなどと一緒にいるのですから、テングチョウも「山のチョウ」なんだと。ところが沖縄でこのチョウを見て、「こんな暑いところにいるなんて」と思い、本を見てみるとなんのことはありません。もともとは南方のチョウで同じ仲間はけっこう熱帯地方にいることもわかりました。日本でも東北から北では少ないとのこと。

　テングチョウ幼虫の食樹はエノキです。水元にはエノキはたくさんあります。もっとも食樹があるからといってそれを食べるチョウや虫がいるとはかぎりません。例えば同じエノキを食べるゴマダラチョウはいてもオオムラサキが生息するには水元の自然の規模は小さすぎ、周囲の環境も悪すぎます。テングチョウはどうなのでしょう。小さいチョウではあっても昔の記録でも聞いたことはありませんでした。誰かが放したものなのでしょうか。そこいらはなんともいえませんが１０年ほど前に私が写真に記録をした以外にも、その後いくつかの目撃報告を聞いています。もしかしたら定着しているのかもしれません。その環境はあるわけです。記録のいくつかは「かわせみの里」近く。一番手の入っていない中土手のエノキあたりが発生源の可能性がありそうです。幼虫なども確認できるといいのですがね。関東あたりで考えると、年一回の発生で越冬した成虫が春に産卵、初夏に羽化、そして夏秋が活動期と思われます。私が初めて写真を撮った季節は秋、「かわせみの里」近くポプラ並木のアベリアの植え込みでした。セセリチョウのようにものすごいスピードで飛ぶチョウを発見、でもちょっと違うなと思いながら追いかけ、アベリアの枝に止まったところをカメラに収めたものです。今年2004年は４月に飛び古した翅の成虫が日向ぼっこをしているところを見つけ、これも撮影に成功しました。きっと卵を産みつけて、、今年もまた見られるでしょうか。そんなことを考えると観察で出歩く楽しみもふくらみます。

　小合溜の中土手にはエノキが沢山あり、おそらくそこが発生源であろうと思われます。その後の数例の確認はすべて公園北部のそのあたりに限られているようですから。ほとんどの行楽客の目にふれることもなく、ひっそりと生き延びている貴重な蝶の一つです。

テングチョウ

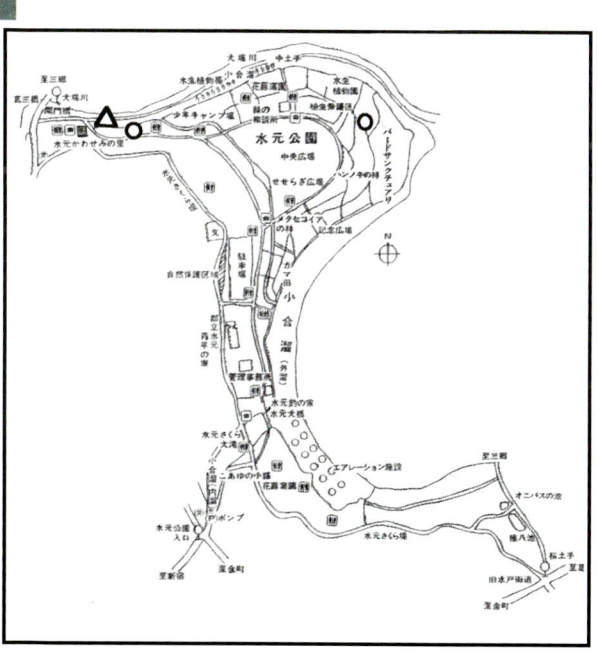

観察記録
1990：7／8mc、10／2
1992：6／22mc、
1996：7／15mc、10／16mc、
2002：5／31ig、
2004：2／22ig、3／9、4／11撮影、5／24

＊アベリアの植え込みに弾丸のように飛ぶ蝶がいた。もしや！と思って枝にとまったところを確認すると、やはりテングチョウだ。

△アベリア並木の北に小合溜井をはさんで中土手がある。エノキが何本もありゴマダラチョウとともにテングチョウの発生地でもある。

○主な観察地：
　古くからあるエノキに頼り、観察場所も非常に限られる。

マダラチョウ科
アサギマダラ
Parantica sita KOLLAR

　水元公園で、いや東京でこんな蝶が見られるなんて！　マダラチョウの仲間のうち九州から北にも棲む唯一の種類、チョコレート色の地に鱗粉を欠いた部分がアサギ色なのでアサギマダラと呼ばれています。細い身体に大きな翅、コントラストのはっきりしたその色合いはやはり南国の蝶です。なのに本州ではアサギマダラは高原の蝶のイメージがあります。それは食草となるキジョランなどが山地性の植物だからでしょうか。残念ながら水元公園ではキジョランは見つかっていないといいます。それがどうしてこの大都会の片隅で見られるのでしょう。この蝶は大変移動性の強いことが知られており、全国各地で研究者愛好者がその調査を進めています。伊豆の天城で、知多半島で、京都比叡山で、鹿児島で各地で成虫を採集し、鱗粉のないアサギ色の部分にサインペンなどでマークをつけて放しています。そして再捕獲をすることでその移動のルート、時期などの解明を試みています確率は大変低いのですが、実際千キロ、千五百キロと離れた地での確認もあり、ロマンある実験は今も続けられています。そんなアサギマダラが通りすがりの水元公園にも立ち寄るのでしょう。上空から見た緑のかたまりにちょっと誘われて、、、

　さて、2000年6月18日に思いもよらぬ発見がありました。
　「かわせみの里」の観察会中に友人がサンクチュアリー近くの草むら葉裏に「見なれぬイモムシ」を発見。2対の突起を持ち、派手な模様のそのイモムシはなんとアサギマダラの幼虫だったのです。幼虫がいたということは雌がきて卵を産んだということ。食草は「ガガイモ」でした。全国に分布する多年草のつる草で茎やつるを切ると白い汁を出します。植物通の人たちにはすでに知るところでしたが、勉強不足の私は初めての出会いでした。
　食草があるのはわかりましたが、残念ながら今まで雌の姿が確認されたことがありません。今回この幼虫はどのようにそこに発生したのでしょう。6月半ばに幼虫発生ということは、おそらく5月連休後あたりに雌がきていたということになり、考えられることに二つあります。
　その頃どこからか雌が飛来して卵を産んだという可能性、もう一つは昨年から幼虫やさなぎ、成虫で越冬したものが命をつないだという場合です。もともと南方の蝶であるアサギマダラは、南では周年発生するために決まった越冬態を持たないと言われています。しかしどんな形にしろ冬の寒い東京で越冬できるのか、その確認例は今まで聞いたことはありません。ならばやはり、他所から来た雌の成虫が水元で卵を産んだことになるのでしょうか。いずれにしても食草があって幼虫が見つかったということは、秋までは水元産のアサギマダラも見られるということになりそうです。

　幼虫発見の場に友人に連れていってもらいました。しばらく探索したものの2頭目の幼虫は見つかりませんでした。発見されたものはすでに終齢幼虫でしたから、他のものはすでに移動して蛹になっていたのかもしれません。幼虫は私が家で預かることになり、7月1日に美しい1♂が羽化。数日後、マーキングをして放しましたが、その後の再捕獲情報はありません。

アサギマダラ

＊公園内のガガイモで幼虫を発見、飼育したこともあるが定着している様子はない。しかし毎年このフジバカマには必ず飛んで来る。

観察記録
1981：7／21.1♂
1990：7／8mc、9／29mc、
1991：7／20mc、7／23mc、10／18mc
1996：10／9mc、
1997：9／21mc、10／17mc、
1999：10／6fu、10／8ig、
2000：6／18.1終齢幼ガガイモよりka.
　　　6／20前蛹.6／21蛹化.7／1♂羽化.
　　　マーキング放蝶、10／4ガマ田su、
　　　10／8かわせみ1♂マーキング放蝶、
2002：10／6桜土手フジバカマ1♂、
　　　10／10ig、
2003：10／5♂撮影、
2004：5／27ig、

△都内で唯一のフジバカマ自生地。桜土手の片隅にあり、地味な花を咲かせ華やかなアサギマダラを呼び寄せる。

○主な観察地：
　　特定の花に執着するため観察場所も毎年ほぼ決まっているようだ。

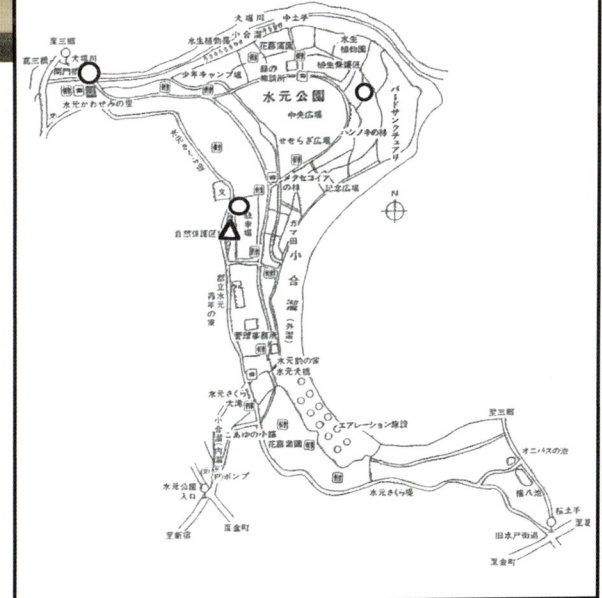

## マダラチョウ科
### スジグロカバマダラ
Salatura (Anosia) genutia CRAMER

オレンジ色の地に黒いスジのあるマダラチョウの仲間で、南の島では最も普通に見られるチョウの一つです。それでも南の島に行ったことのない人にとっては、その南国的な色彩は心を動かされるに十分な魅力を持っています。ちょっとした草むらにはいつもその姿が見られ集団でいることがよくあります。仲間が集まっているという安心感からか、そばに寄っても時には指でふれても逃げようとしません。ネットをふるとセンダングサの種がやたらとついて後始末に困ることもしばしば。数の多さ、動きの鈍さもあって採集意欲が失せてしまいます。北米で何千キロもの渡りをするオオカバマダラに姿は似ていますが、このチョウにとっては南の島の居心地が良くて他へ移動する気はもうとうないようです。それでも生命力は強く台風などの低気圧に巻き込まれて時々本土あたりで見つかることもあります。マダラチョウの仲間は体内に毒を持つということから鳥などの外敵に襲われないといいますが、ある時クモにつかまっているのをみました。その後は確認しませんでしたが、クモはこのチョウを食べてしまったのでしょうか。

名前が長いので虫仲間では「スジカバ」と短く呼んでいますが、もうひとつ「スケカバ」と呼んでいる一団があります。オレンジ色の部分の鱗粉がはじめからとれていて、翅がスケて見えるためにこう呼んでいるのですが、この一団はどこでも見られるというものではありません。以前チョウの専門誌で話題になり、私もその発生地らしい竹富島へさっそく行ってみました。実は竹富島の中でもまた限られた所でしか見られないこともわかりました。草におおわれ観光客など誰も行かない林道にスケカバはいました。無数のスジカバのなか、よく見ると翅の色が少し黒ずんで、飛び方もちょっとおかしなものが目につきます。ネットに入れてみるとやはりスケカバ。百のうち一つ、二つはいるようです。毎年訪れても他では見られないスケカバにここではめぐりあうことができるのです。遺伝的な要因を持ったものがここでは世代を繰り返しているのでしょう。ただスケカバのなかには高い比率で翅型や翅脈に異常型が見られ、スケカバの遺伝力の不安定さを物語っているように思いました。平凡なチョウではあってもなにか心をときめかせてくれるようなチョウでもあります。

実はこの南国の蝶に水元で巡り会ったことがあります。1989年8月、自宅近くの南水元で車を運転中、目の前をユッタリ横切る蝶がいます。なんとスジグロカバマダラではありませんか。信じられないけれど、そんなことは考える暇もありません。すぐトランクからネットを出し、網を広げながらも目はスジカバを追っています。迷蝶として葛飾までわざわざ来てくれたのですから挨拶がわりに、、と、ところが私と蝶の間には車が数台通り抜け、そのたびにあおられたスジカバは動きを速め、そしてそのうち建物の向こうへと消え去ってしまいました。長いようであり一瞬のようであり、今となっては真昼の夢となってしまいました。葛飾初記録であったと思います。

スジグロカバマダラ　　　　　　　　観察記録
　　　　　　　　　　　　　　　　　　1989：8／21小合団地

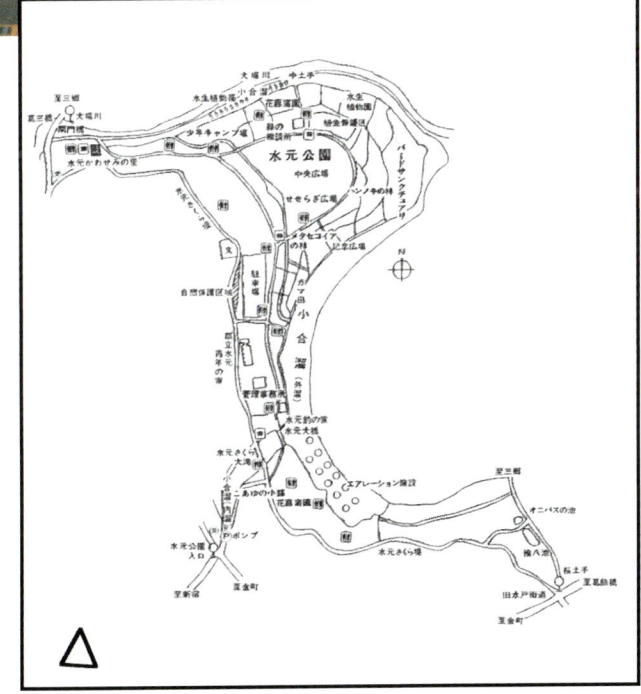

＊南の島ではいくらでも群れているこの蝶は、やはり明るい太陽の下が似合う。（石垣島にて）

△団地の間にある花壇に寄ったのだろうか。スジグロカバマダラは突然車の前に姿を現した。何とも場違いな瞬間であった。

○主な観察地：
　水元公園の南西700メートルあたりの水元小合団地、町名でいえば南水元4丁目になる。

# 『水元の蝶・雑感』

## 「蝶たちの食べ物」となる公園樹木

　虫のことを調べていくとその幼虫（時には成虫）が食べる植物（動物食もいますが）にも関心がいきます。水元公園は昭和４０年代に都立公園として大きく整備されてきましたが、気がついてみるとそこは虫たちの食べ物でいっぱい。もちろん公園管理者にはそんなつもりはないし、逆に虫たちの排除で躍起になっているのでしょうが。例えば蝶の場合、彼等はけっこう偏食で限られたものしか食べません。それは草もあれば樹木もあります。そこで公園全体に樹木として安定して存在するものを調べてみると、多くの蝶たちが生活できる状況が見えてきます。まさしく「蝶の楽園」が出現するのです。現実には食べ物だけで生息できるということにはつながりませんが、可能性を秘めた「夢の楽園」を想像することはできます。

　代表的な樹木と関係する蝶たちをひろってみます。（　）内の蝶は水元での記録はありません。

[1]　クヌギ、コナラ：あまり多くはないがところどころに点在する。多くの虫が世話になるが蝶ではゼフィルスと言われる（オオミドリ）、アカシジミ、ミズイロオナガシジミ（他にクロミドリ、ダイセンシジミなど）

[2]　アラカシ：芝生の山の下にあり、上記のチョウたちはこのアラカシでほとんど飼育できる。ムラサキシジミはよく見る

[3]　サクラ：公園を代表するサクラには（メスアカミドリシジミ）がヒコバエに卵を産む。（エゾシロチョウ）は北海道。

[4]　ハンノキ：水辺に多いハンノキにはミドリシジミが毎年発生。

[5]　トネリコ：街中でも街路樹としてよく目にし、まとまって植えられているところが数ヵ所。（ウラキンシジミ、チョウセンアカシジミ）の食樹。

[6]　ヤナギ：水辺の女王コムラサキは水元の代表種といえる。

[7]　エノキ：（国蝶オオムラサキ）と里山を代表するゴマダラチョウ、ヒオドシチョウ。山地のチョウである（シータテハ）。テングチョウも時々確認されている。残念ながらオオムラサキがいないのは、成虫が生き延びるための樹液を出す木が少ないし、生活域が狭すぎる。

[8]　クス、タブ：公害に強いクスノキは今都会の公園、街路樹の代表種。アオスジアゲハはその勢力を広げている。

[9]　ミカン、カラタチ：ご存じアゲハ、クロアゲハの食樹だがどういうわけか公園には実のなる樹木が少ない。キャンプ場近くに昔あった大きなカラタチが切られたのは残念。

[10]　アキニレ：小合溜沿いのアキニレで以前ヒオドシチョウの蛹を多数見たが、、アカタテハをこのアキニレで飼育したことがある。

[11]　マテバシイ：この木はよく見られ、最近北上で話題のムラサキツバメは公園内区内の別の場所でも確認されている。

[12]　マンサク：植生園にちょこんとあるが（ウラクロシジミ）はもちろん山地の蝶でここにはいない。

[13]　ネム、ニセアカシア：キチョウの貴重な食樹。

　このようにざっと見渡して樹木類だけでも（もっと他にもあるのでしょうが）これだけのチョウが棲みついていたらという夢の話です。この他の植物につく蝶も数知れず、というところです。無理な放蝶はいけませんが自然に移り棲んでくれたらこんなうれしいことはありません。

　次の公園図①には蝶の食樹という観点で数本から数十本の単位でまとめて植栽されている樹木群を表示しました。

　公園図②は蝶の分布ですが、狭い公園の中で移動性のある蝶の特定場所を決めることは意味のないことですが、比較的食草・食樹にしばられて、その場所では観察できる可能性が高いものについて表示しました。

## 蝶と蛾

ところで「チョウとガはどこがちがうんですか」時々こんな話を聞きます。そこでここでは基本にもどり両者の関係について、、、

数知れない地球上の動物のほとんどを占めるのが昆虫、地球が「虫の惑星」と呼ばれる由縁です。その昆虫の中で、小さなうろこ状の鱗粉におおわれた4枚の翅（はね）を持つものが蝶、蛾のグループで分類的にはまとめて鱗翅目と呼ばれています。さて私たちは大きな鱗翅目というグループに属する昆虫をさらに蝶と蛾に分けて呼んでいますが、一体何を根拠にしているのでしょう。一般的によく言われるのに次のようなことがあります。

＊チョウは昼に、ガは夜活動する。

チョウは例外なく昼間に活動しますが、ガの中にも昼間活動するものはけっこういます。マダラガやシャクガの多くはそうですしオオスカシバなどはよく目にします。

＊チョウはきれいだが、ガはきたない。

これは好みの問題で、ガの地味な美しさに魅力を感じる人もいるし、昼行性のガにはチョウ以上に華やかなものもあります。九州以南のサツマニシキというガはまさしく絢爛豪華なガです。ガはきたないなんて「ガがかわいそう」です。

＊チョウは翅を立てて止るが、ガは翅を伏せて止る。

タテハチョウと言いながら翅を伏せて止るチョウはよく目にします。山に行くとイカリモンガという蛾は昼間 飛び方も止り方もチョウとそっくりな行動をします。

＊チョウの触角はスーッと伸びて先端がふくらんでいるが、ガは糸状かブラシ状だ。

これはかなり区別しやすい形態状の違いですが、セセリチョウや一部のガ（スズメガやベニモンマダラなど）は根元からだんだん太くなって最後にまた細くなる共通した形をしています。

＊チョウはスマートだが、ガの胴体は太い。

これもガのイメージを悪く言う例ですがスマートなガもいれば、セセリチョウのように胴体の太いチョウもいるのです。

こうしてみるとチョウとガの決定的な区別点はなかなか見当たりません。ヨーロッパの人たちにはそこいらをあまりこだわらない人が多いようですが、繊細な神経を持つ日本人の独特な分け方とも言えるでしょう。夜食事時に灯りにやってきて鱗粉をふりまいたり、毒を持った粉や刺で人に害を与えるという事実、見た目の印象の悪さなど両者を区別しようとする大きな要因になっていることは確かです。左にあげたいくつかの点は両者を区別する上でおおいに参考にはなるのですが、本当のところ区別する必要があるのでしょうか。

最初に述べた鱗翅目は全体で17万種ほどいるといわれますが、更に分類すると20いくつかのグループ（上科）に分けられ、そのうちの一割2つの上科（セセリチョウ上科とアゲハチョウ上科）がいわゆる「チョウ」と呼ばれる仲間になります。要するに大きなガというグループの一部にチョウは属しているとも言えるのです。「チョウはガの仲間」と考えれば、いくつかの視覚的、感覚的、形態的相違もそれぞれの持つ特徴にすぎないということになるでしょうか。

日本に生息するチョウは250種前後になりますが、それに対しガは圧倒的に多く5000種以上もいます。もっとガにたいする興味関心が高まってもいいと思うのですがいかがでしょう。水元でいえば50種以上のチョウが確認されていることを考えると、単純比率からいって500から1000種前後のガがいることになります。これをすべて確認するのは大変な作業ですが、また大きな楽しみではありませんか。

「水元はガの宝庫」かもしれません。「フクズミコスカシバ」というガは1992年に学会で新種発表されましたが、実はその6年も前に私が水元公園で写真撮影（1986年）で確認されているのですから。

「蝶と蛾」は同じ仲間であることを再認識して調査を始めてみませんか。

## 水元のゼフィルス

　ゼフィルス（zephyrus）とはギリシャ神話で「西風の精」という意味で、シジミチョウの特定のグループにつけられた名前です。日本語では「ミドリシジミ族」と呼ばれ、世界中には100種以上、日本には25種のミドリシジミグループが生息しています。初夏から夏にかけ年に一度の発生、朝や夕刻など一定の時間に活動する特殊な行動様式など昔から生態究明の対象になったり、そして何よりもその美しさで多くの愛好家の憧れの的になってきました。そのメタリックな輝きはまさに「空飛ぶ宝石」。それを求めて多くの人が野山を林を駆け巡りました。ただミドリシジミのグループといってもすべてがミドリ色の翅をしているわけではありません。あるものはオレンジ系であったり、ブルー系であったり白、黒、褐色であったりと、地味なものもあります。翅の裏の色、模様も様々です。

　水元では以前紹介しましたがミドリシジミ一種のみが確実に生息しています。水辺の主要な樹木として、またミドリシジミ幼虫の食樹となるハンノキの林があちらこちらにあるからです。同じミドリシジミのグループといっても成虫が生息する環境、幼虫が食べるものはそれぞれ少しずつちがいます。ハンノキに棲むミドリシジミ類はミドリシジミのみです。水元公園ではそのほかにアカシジミとミズイロオナガシジミ（ともに1981年）を以前確認したことがありました。しかしそれはある一時期だけのことで公園に移植されたコナラなどに卵がついていたのかもしれません。残念ながら食草（食樹）があるからといってすぐそこに定着するとはかぎらず、その後は姿を消しています。実際水元公園はゼフィルスの仲間には十分食べ物が用意されているのですが、それだけで生き物が棲めるものではないということでしょう。

　ちなみに水元でゼフィルスに用意されている食べ物には次のようなものがあります。
　ハンノキ（ミドリシジミ）、
　トネリコ（ウラキンシジミ）、
　サクラ（メスアカミドリシジミ）、
　イボタ（ウラゴマダラシジミ）、
そしてクヌギ、コナラはその他多くのゼフィルスの食樹となり、芝生山の下にあるアラカシはそれらの代用食になることができます。他には水元にはないアカガシ、ブナ、マンサク、カシワ、ミズナラなどを食べるものもいてゼフィルスといっても一様でないことがわかります。樹木の種類を見てわかるのは、その多くが開発とともに切り倒されたり、運よく残されても開発地の周辺という劣悪な環境に汚染されていかないとはかぎりません。

　蝶の研究をし趣味を持つ人たちが一度はあこがれるゼフィルスはいつも謎につつまれてきましたが、戦後日本が平和になって多くのアマチュアたちがその生活史を解明してきました。蝶にかぎらず昆虫学の発展はアマチュアの力によるところ大であるというのは一般に認められていることです。学問としてある程度確立した後でもそれは変わらないように思われます。自然は奥深いもので人間がそう簡単に極められるものではないでしょう。研究者はもちろん単なる愛好家も含め多くの人の努力、目が科学の進歩には必要ということです。趣味、遊びでありながら、一方そんな使命をもおびているとすれば、水元で唯一のゼフイルスであるミドリシジミを残すのは私たち愛好者の責任といえます。

＊　昔の資料では日本のゼフィルスは24種とされていましたが、アカシジミと思われていたものが北海道や東北の一部、また広島などで「キタアカシジミ」という別種もあることがわかり、今は25種類のゼフィルスの存在が確認されています。

### 「虫の森」だった森

　水元公園芝生の丘のすぐわきにこんもりとした森が見えます。ほかの林とちがって一種独特の雰囲気をかもしだしていますが、ここはもともとは日枝神社の鎮守の森だったのです。地方に行けばどこにでもありそうな村の神社とそれを囲む小さな森が昭和40年代までの姿でした。今そこは植生保護区として金網で外界から隔離されています。都の公園整備の一環としてクロマツの巨木などを保護する目的もあったのでしょう。しかしその目的とはうらはらに森自体は長い年月のうちに生命力を失っていくような気がしています。クロマツ、エノキ、サイカチ、タブ、ケヤキなどの大木がゆったりと成長していた昔と比べ、周囲を新たにクスノキ、タブ、ユズリハ、その他の木々にビッシリ囲まれ暗く乾燥した内部はそれこそ「死の森」への道を歩んでいるのではないかと思われます。こういうと「なんと過激な」と思われるかもしれませんが、この「死の森」には二つの意味があります。

　以前調査のため柵内に入ったときそこは日の光もささず、乾燥した地表には雑草もでておらず、樹勢の弱い木は樹皮を落とさんばかりにしていました。都の調査書に「野鳥のすみかとして」とありますが、虫を初めとした動物たちの姿・種類の減少に驚きました。文字通り「死の森」という不気味さを直感したのです。もうひとつの意味は人々からこの森を隔離することにより、その存在を忘れ去らせていくということで「死の森」と化すということです。ここにはどんな植物があり、動物がいて、何のために金網で囲まれているのか多くの人は知りません。その表示もないのです。自然保護の考え方、その具体的な方法にもいろいろあるのでしょうが、都会のこの小さな森をただ隔離するだけで守ることになるのか、今一度考えてみるのもいいのではと思います。

　雑木林を中心とした多くの日本の自然はもともと人との関わりや、人の手が入ることによって維持されてきたというのはよく言われていることです。小規模な水元公園をながめても、トネリコの林、ハンノキの林、クヌギコナラの林、スダジイ・アラカシの林などが隔離されることがなくても十分に生き生きしている様子は誰にも確認できます。下草をたまに管理する程度で行楽客の侵入は自動的にかなり制限されているからです。行楽客が多少入ったからといって樹木の傷みもありません。雑草や虫の苦手な人はきれいな芝で楽しめばいいわけであり、自ずと住み分けができているということでしょう

　さて、一番触れておきたいのは「虫」たちの姿です。神社のひさしの下の砂地にはいくつものアリジゴクの穴、井戸のわきのエノキ上空にはいつもゴマダラチョウ、ルリシジミは何頭も吸水に降り、林縁にはヒメウラナミジャノメ、蝶道をつくって横切るクロアゲハやカラスアゲハ、ニジ色に輝いて群れるタマムシ、絶えることのない蝉の声、樹液に集まるコクワガタやコムラサキなど、林の空間を旋回するトンボたち、地表を徘徊するゴミムシの仲間、夜になればランプにまとわりつく無数のガ、虫を求めて集まる鳥たち、あぁきりがありません。今となっては記録にとどめておけなかったのはなんとも残念なことではあります。

　現実にもどり、、、ひっそりと暗く生き物の気配の感じられないこの森は公園整備とともに昭和53年に神社跡地の約0.4ヘクタールを囲った土地です。管理事務所の昆虫類のための保護管理手法としては年1回の草刈り、としていますが以前より環境が良くなったという状況はどうみても考えられませんし、都で作成した「保護対象種の分布地区一覧」を見てもセミを除いてはほとんどの昆虫類の記録はありません。調査不十分というのも大きな理由でしょうが、蝶にいたってはアオスジアゲハが記録されているにすぎないのです。

# 水元の珍しい蝶たち

その気になって公園を歩いてみよう。春から秋にかけすぐ目につくのは蝶の仲間たち。今まで水元公園で確認されてきた蝶は約５０種に及ぶ。これはイギリスに生息する蝶の全種類数にも匹敵するものである。アゲハチョウやモンシロチョウなど、誰にも馴染み深い蝶はもちろん生息するが、水元を特徴づける蝶も多い。まず第一に挙げたいのが葛飾の水辺を代表するコムラサキ。これは水辺に多いヤナギの葉をその幼虫たちが餌とするからだ。国蝶がオオムラサキならば「葛飾区の蝶」にはコムラサキを推薦したい。都内でこれほど多く着実に姿を見せ続ける場所は他にないだろうし、水辺という葛飾を象徴する蝶でもあるからだ。特に雄の紫色に美しく輝く翅（はね）に魅惑されないものはいないだろう。

屋敷林に残るエノキの上空には、白と黒のコントラストがさわやかなゴマダラチョウが滑空する。この蝶は平地の蝶であるがゆえに、全国的に開発とともにその姿を消しつつある。四月、草地にたわむれるのは春の舞い姫ツマキチョウだ。年に一度この時期にしか出現しないツマキチョウを確認することは、「この一年も自然が保たれた」という思いを新たにするものである。薄暗いササヤブの中でチラチラと星のように見えるのはゴイシシジミ。幼虫から成虫に至るまで動物食という珍しい蝶である。その餌となるのはササなどの葉裏につく白いアブラムシの仲間で、虫嫌いの人にはなんとも気色の悪いものだろう。ゴイシシジミの観察にはヤブ蚊の攻撃も覚悟しなくてはならず、一般には目にふれることの少ない蝶だ。ギンイチモンジセセリは幼虫がススキの類を食べる弱々しい蝶である。外来植物に押されて消えつつあるススキが残されていることは、その土地の自然度が高いということに他ならない。ギンイチモンジセセリの生息はすなわち自然度の指標ともなるのだ。東京の他の地域では見られなくなったこれらの蝶が、葛飾で毎年顔をみせてくれるというのはなんとうれしいことだろう。

さて５０種の蝶の中にはもともとここに生

昔のように虫たちの森にもどすことは不可能としても、「生きた森」として復活させるにはまず金網をとりさること、日の光が入り雨の落ちる空間をつくること、人々にこの森にふれてもらいその存在を知らしめること、それによってこの森は太陽に雨に、そこに集まる鳥や虫に、そして人々に育てられ守られるのではと思うのです。今の状態で十分という人もいるでしょう。ただお宝は蔵にしまいこんでいるだけではカビのエサになるだけ。もちろんオープンになることによる弊害が無とはいえませんが、もともと公園整備を開始した段階でいくつものリスクはすでに覚悟の上であったはずです。この森は都会の公園、緑を考えるヒントを与えてくれているように思えます。

息していたものではなく、たまたま水元に迷いこんできたものもいる。桜土手のフジバカマには優雅なアサギマダラが舞い降り、苗圃のブッドレアには高原の蝶オオウラギンスジヒョウモン、ミドリヒョウモンも山から毎年のように訪問してくれる。緑の孤島、水元公園への道をどうやって覚えているのだろう。水元に生息するわけではないが迷い者とも言い難い蝶はウラナミシジミ。寒い水元では越冬できないが南房総で冬を越し、9月頃には必ず北上して水元の住人のごとく姿を見せるのだ。そんな中、昨年はまたまた新しい発見があった。訪問者はセセリチョウの仲間のヒメキマダラセセリ。山地性のこのチョウは平野部には生息せず、もちろん東京都内でも珍しい記録となった。小さな姿が確認できたのはその気になって見つめた成果であり、そしてまた水元の豊かさをも実感する瞬間である。10年ほど前の夏、南西諸島にしか生息しないスジグロカバマダラという蝶を南水元の街中で見つけた。勿論当人（蝶）の意志で来たわけではあるまい。その当時の気象状況などによりはるか遠方から流されてきたものだろう。こうした記録の集積は自然や社会の変化などとも大きな関わりがあり、貴重な資料になるものだ。

ところで蛾の新種が水元公園で発見されていることを、ぜひ区民の皆さんにはお伝えしておきたい。「フクズミコスカシバ」というハチのような姿をしたスカシバガのグループに属する小さな蛾である。1986年7月31日の暑い日、バードサンクチュアリの中で最初のその姿がカメラに収められた。写真のみの記録（「葛飾の自然」に掲載）であったため、種を確定できないままに数年が過ぎていった。「葛飾の自然」の写真を見た愛知の名城大学（スカシバガ研究では日本の最先端をいく）の研究者も水元に入ったがやはり成果は得られなかったという連絡を受けたことがある。ところが水元での初記録の数年後1992年に、長野県木曽で採集された1雌を基にとうとうフクズミコスカシバ（この時の採集者、福住氏にちなむ）は新種として記載されたのである。写真を見るとそれはまさしく水元の「あの蛾」であった。あの時もし成虫が採集されていれば「水元で新種発見」という胸の高鳴るニュースとなっていたことは間違いない。その後の調査で静岡県、神奈川県でも発見され、幼虫はヤナギの樹皮下で生活することもわかってきた。ヤナギの多い水元での生息をうかがわせるものである。バードサンクチュアリも整備され、今は調査の手も入っていないがきっとどこかで生きているのだろう。そう願いたい。

「水元の珍しい蝶」とは比較の問題である。これらの蝶も他所に行けば、いるところにはいるのだ。注目すべきは「この大都会東京で」生息しているということだろう。水元公園が虫たちにとっては最後の砦ともいえるのだ。彼らがいつまでもここに生き続けてほしいと思うが、ある時モンシロチョウもアゲハチョウも「珍しい蝶」の仲間入りをしないとは限らない。そうならないために、いやコムラサキもツマキチョウも当り前の蝶として生き続けられるように、今のそのままを後世に伝えていくことが私たちの責務といえる。そのためにはいつも「その気になって」彼らの生活、環境を見つめていくことが大切であろう。

［水元の自然（郷土と天文の博物館）に載せた文より］

「少年の日の思い出」の蝶たち

　ドイツの文学者ヘルマン・ヘッセは子供の頃「昆虫（蝶）少年」でした。その作品の多くにいくつもの蝶たちが登場しますが、短編「少年の日の思い出」には4種類の蝶蛾、キアゲハ、コムラサキ、クジャクヤママユ、ワモンキシタバという名前が出てきます。この作品は中学校国語の教科書でもよく取り扱われるので読まれた方も多いでしょう。キアゲハ、コムラサキは水元でもよく見られる蝶ですが実際は別（亜）種。キアゲハは同じような紋様ですがコムラサキは一見して水元のそれとは区別できます。茶色の翅表が黒っぽくなり、静岡県のクロコムラサキ、朝鮮半島のチョウセンコムラサキに似ており学名からイリスコムラサキとも呼ばれています。あと二つはいずれも蛾の仲間です。ワモンキシタバはカトカラ属のグループで後翅に黄色い模様をつけた美しい蛾です。日本にもいますが残念ながら水元には生息しません。クジャクヤママユは日本にはいません。日本のヤママユガよりずっと美しく（美しい――これは主観の問題ですが）大きな目玉模様をつけています。

　ところでヘッセはこれらの蝶蛾についてこの短編の中で次のような触れ方をしています

＊ワモンキシタバ――――「これはワモンキシタバ、学名はフルミネア。この辺では珍品だよ」と私は言った。
＊キアゲハ――――――今でも特に美しい蝶を見かけたりすると、ぼくはあの頃の情熱を感じることがたびたびある。そんな時ぼくは一瞬、子供だけが感じることのできるあの何とも表現しようのない、むさぼるような恍惚状態におそわれる。少年の頃はじめてのキアゲハに忍び寄った時のあの気持ちだ
＊コムラサキ――――――あるときぼくはぼくたちの所では珍しい青いコムラサキを捕って、展翅した。それが乾いたとき誇らしい気持ちになって、せめてそれを隣の少年にだけでもいいから見せてやりたくてたまらなくなった。（中略）この模範少年にぼくはこのコムラサキを見せた。彼は専門家みたいにそれを鑑定し、それが珍品であることを認められ、、、
＊クジャクヤママユ――――クジャクヤママユはぼくたちの仲間のうちまだ誰も捕った者はいなかった。ぼくは自分が持っていた古い蝶蛾図譜の図版でそれを知っていたにすぎなかった。（中略）ぼくが名前を知っていて、まだぼくの標本箱の中にないすべての蝶や蛾のなかで、このクジャクヤママユほど熱烈に欲しいと思っていたものはなかった。

　ヘッセは大人になってからも蝶や虫に対する情熱を失うことはありませんでした。文学者であるという能力は別としても「少年時代」の蝶に対する思い入れが切々と伝わってくるではありませんか。同じ趣味を持つ人にはきっとその気持ちが通じていく話です。
　さて、水元公園にもそんな魅力的な虫たちがたくさんいます。ヘッセがあこがれた虫たちとのふれあい、時代を越えて私たちも同じ体験ができるわけです。私にとって「少年の日の思い出」の蝶たちは、空高く飛び手におよばなかったアオスジアゲハ、ゴマダラチョウ、目の前を稲妻のように飛び交うルリタテハ、そして紙吹雪のようなツマキチョウ。少年の頃だけでなく、大人になっても少年の頃の心ときめくあの感動をいつまでも持ち続けたい、そのために水元に残る自然、蝶たちもいつまでも残っていてほしいと願わずにはおれません。

蝶の異常型

　幼虫時代の気象条件（日照、気温、湿度など）により同じ地域の同じ種類の蝶でもその形態に相違が見られるのは、季節型に代表されるようによく知られていることです。それは安定した型で受継がれていくのが普通ですが、一方で突発的に色、型、紋様、大きさなどの変化を見せるものを異常型とし、特に飼育下ではよくあることのようです。自然界でもそうしたことは時々起こり、愛好者の中には興味を持って研究したり、標本を収集したりする人もいます。

　水元公園の蝶はほとんどが平凡な種類であることから、人の目が向けられることもなく異常型の記録はほとんどありません。私自身も公園では採集をすることもないので見逃していることが多いと思いますが、昔たまたま見つけたものについては標本として保管しており、ここにそのいくつかを紹介します。
（どういうわけか10月10日に異常型が集中しているようです。好天の「体育の日」にはよく出かけていたようです。）

ベニシジミ

①表面赤色部青斑部が白化したもの
　　　　　　　　　　　　　　（84.4.23）

②裏面一部が白化したもの　　　（83.10.10）

ナミアゲハ

後翅外縁部の青斑赤斑の黒化したもの
　　　　　　　　　　　　　　（88.10.10）

キタテハ

表面の鱗粉が全体的に剥離したもの
　　　　　　　　　　　　　　（90.10.10）

ツマキチョウ

　ツマキチョウの異常型としては、前翅中室の黒条が長くのびている例が取り上げられ、これは私もよく見ています。
　もう一つは、前翅先端部の黒斑で囲まれた部分が雄はオレンジ色であるのに対し、雌は白色となっているのが普通ですが、ある時、公園で雌のその部分がうっすらと黄色くなっている個体を見つけました。さらには自宅で羽化させたものに黄色の強い個体が混じっているのに気がつきました。これは卵、幼虫のついた食草イヌガラシを自宅庭でプランターに移植し、蛹、成虫を得たものであり純粋な自然状態のものとは言いがたく、かといって雌のその部分だけが黄色くなるのには何か意味があるのではないかと考えたことがありました。その後、野外では山梨県の塩山でも同様の黄色型を採集しています。
　当時その状況について蝶の専門誌「蝶研フィールド（1992年2月号）に報文を寄せたことがありますが、ツマキチョウの最も特徴的な部分に、そして雌だけにその異常が発生することを考えると、これは単なる異常型というだけでなく、祖先型ともいえる遺伝子がどこかに隠されているのではないかと推測をしてみたのです。ツマキチョウの名（先が黄色い、これぞ「ツマキチョウ」）に相応しい異常型といえるでしょう。
　　　　　　　　　（1989〜1990羽化）

②雌の前翅先端部が黄色化したもので、前翅中室の黒条も発達している。

③裏面の特徴的な唐草模様が一部消失しているもの。

①前翅中室の黒条が発達したもの

④後翅表面に橙黄色がうっすらと出たもの。

# 都道府県区市町村「蝶類誌」

　全国には多くの自然愛好家、研究者たちがいて地域の自然保護やその啓蒙のために活躍しています。その成果はいわゆる地方出版物として世に出され、一般的な動植物・生物書とはちがった、郷土を愛する立場を前面に出した案内書・研究書・自然啓蒙書として大きな役割を担っています。参考となる地方出版物のうち、「蝶類誌」に関するものをここにあげます。「地名」と「蝶」という文字が含まれる出版物「〇〇の蝶」に限って（「日本の蝶」などは除く。同好会の会報誌名「〇〇の蝶」も除く）知る範囲で紹介します。＊印は手元に所有するもので、後ろの数字は出版年、sは昭和、hは平成を示します。多くは地方自治体、地方新聞社、愛好家研究者によるものです。（「昆虫誌」についても同様）

1. 北海道
   *北海道西部の蝶（道南昆虫同好会）s.57
   *北海道の高山蝶（北大昆虫研究会）s.50
   *北海道の蝶（坪内他・北海道新聞社）s.61
   　*北見の蝶（木村・北見市教育委員会）h.2
   　*知床の蝶（斜里町立知床博物館）s.54
   　　*浜益郡の蝶類（外山雅寛）h.10
   *当別町の蝶（松本）h.11
   *士別の蝶（士別市立博物館）h.3
   *小清水の蝶（小清水町役場）
   *三笠市の蝶（三笠市立博物館）1984
   *十勝の蝶（帯広市教育委員会）s.57
   *苫小牧の蝶（苫小牧郷土文化研究会）1986
   *大雪の蝶（田淵行男）s.53
   北海道の蝶（宮内・本間、北海道教育委）
   札幌の蝶
   さっぽろのチョウ（溝口）
   北海道南部の蝶（中島函館昆虫同好会）s.31
   平取の蝶（矢崎）
   美唄の蝶
   十勝の蝶（十勝蝶の会）h.5
2. 青森
   *青森の蝶たち（津軽昆虫同好会）s.61
   *つがるの蝶（下山健作）s.57
   青森県の蝶類（室谷、阿部）
   青森県東南部の蝶（阿部）s.44
3. 秋田
   *秋田の蝶（成田正弘.秋田自然史研究会）h.12
   秋田県の蝶（高橋）s.47
4. 岩手
   *岩手の蝶（岩手虫の会）s.63
   野田村の蝶（小田）s.57
5. 山形
   *山形県の蝶類（長岡、梅津）s.52
   *蔵王山系の蝶類（山形東高校）1957
   山形県の蝶（みちのくむしの会）s.50
6. 宮城
   *宮城県白石市の蝶（保谷忠良）s.58
   宮城県の蝶（亀井小野　宮城むしの会）s.46
7. 福島
   *福島県の蝶（角田伊一）s.57
   福島県の蝶（手代木求）
8. 群馬
   *群馬の蝶（布施英明）s.47
   *群馬県蝶類誌（大塚）h.6
9. 栃木
   *栃木の蝶（小坂公之）s.59
   *栃木県の蝶（昆虫愛好会）s.50
   *新・栃木県の蝶（昆虫愛好会）h.12
   栗山地域の蝶類（園部、佐藤・県立博物館）
10. 茨城
    *茨城の蝶（茨城昆虫同好会）s.60
11. 埼玉
    *埼玉蝶の世界（埼玉昆虫談話会）s.59
12. 千葉
    *湾岸都市千葉市の蝶類・蛾類（大塚市）1977
    *柏市近郊のチョウ採集記録集（柳沢勉）2002
13. 東京
    *東京都の蝶（西多摩昆虫同好会）h.3
    *世田谷の蝶（福田晴男）s.56
    *都会の蝶（関洋）h.9
    *東京の蝶（関洋）h.3
    *八王子市の蝶（グループ多摩虫）h.7
    *高尾・陣馬山の蝶（長瀬隆夫）2004
    小笠原群島の蝶類についての考察（久保田）
14. 神奈川
    *かながわの蝶（相模の蝶を語る会）h.12
    *三浦市の蝶（芦沢一郎）h.12
    *蝶とあるく箱根
    　　（小田原ライブラリー　白土信子）h.13
    三浦半島の蝶（三浦半島昆虫研究会）s.53
15. 山梨
    *山梨の蝶（甲州昆虫同好会）s.60
16. 長野
    *安曇野の蝶（田淵行男）s.58
    *木曽谷の蝶（蛭川憲男）s.58
    *日本アルプスの花と蝶（藤岡他）s.61
    *信州の蝶（信濃毎日新聞社）h.8
    *開田高原の蝶
    　　（蛭川憲男　開田村教育委員会）s.53
    *日本アルプスの蝶（田淵行男）s.54

＊辰野の蝶（浜栄一　辰野町蝶類談話会）h.14
　　＊菅平高原の蝶（菅平高原自然館）
　　＊長野県における山地から高山帯の蝶
　　　　（蛭川憲男）2003
　　　長野県産チョウ類動態図鑑
　　　　（信州昆虫学会）h.11
　　　信濃の蝶（信州昆虫学会）s.46～54
17.新潟
18.富山
19.石川
20.福井
　　　福井県の蝶（井崎）s.30
21.岐阜
　　＊岐阜県の蝶（西田真也）2003
22.静岡
23.愛知
　　＊愛知県のチョウ類〕（高橋昭）h.3
　　＊岡崎市の蝶類（杉坂美典　岡崎市史別刷）85
　　＊岡崎公園の蝶（杉坂美典　岡崎市史別刷）01
　　＊豊田の昆虫Ⅱ・猿投山のチョウ（豊田）s.60
　　＊豊田の昆虫Ⅴ・チョウとガ（田中蕃　豊田市
　　　　　豊田市自然保全課、自然愛護協会）2000
　　　岡崎の蝶（三浦重光）s.58
　　　瑞浪の蝶（加藤勝利　瑞浪病院）s.63
24.滋賀
25.京都
26.三重
　　＊三重のチョウ（三重昆虫談話会）s.56
　　＊伊賀地方北東部の蝶（奥田道廣）2002
27.奈良
28.和歌山
29.大阪
　　＊北摂の昆虫（1）蝶類（大阪昆虫同好会）s.56
　　＊北摂の蝶（大阪昆虫同好会）h.1
　　＊大阪市内の蝶（大阪市立自然史博物館）s.60
　　　生駒の蝶（八尾高校生物部）
　　　能勢の昆虫・蝶の部（仲田元亮）s.57
30.兵庫
　　＊神戸の蝶（神戸市教育研究所）s.56
　　＊兵庫県の蝶（兵庫県自然保護協会）s.55
31.岡山
　　＊岡山の蝶（難波通孝　山陽新聞社）h.8
　　　岡山県のチョウ　第3回特別展
　　　　（倉敷市立自然史博物館）s.61
　　　岡山の蝶　写真集（難波通孝）s.58
　　　岡山県の蝶（倉敷昆虫同好会）s.47
32.鳥取
　　＊大山の蝶（松岡、三島）s.54
33.島根
　　＊山陰の蝶（近木英哉）s.46
　　＊山陰のチョウたち（山陰むしの会）h.6
34.広島

　　＊下蒲刈島のチョウ（下蒲刈町）h.10
　　＊広島県のチョウ（広島虫の会）s.57
　　＊広島県蝶類図鑑（昆虫の家・頑愚庵）h.13
　　　広島県の蝶　過去と現状
　　　　（比婆科学教育振興会）h.13
35.山口
36.香川
　　＊四国の蝶（日本隣翅学会四国支部）
　　　香川県の蝶類（大手前学園生物部）
37.愛媛
　　＊愛媛の蝶（愛媛新聞社）s.49
　　＊えひめのチョウ（愛媛新聞社）2003
38.徳島
39.高知
40.福岡
　　　北部福岡県の蝶
　　　　（上田　北九州昆虫趣味の会）s.31
41.佐賀
　　＊佐賀の蝶（西村謙一　佐賀新聞）h.5
　　　佐賀県産蝶類分布目録（佐賀昆虫同好会）94
42.長崎
　　＊長崎県の蝶
　　　　（長崎県生物学会　長崎昆虫同好会）s.48
43.大分
44.熊本
　　　熊本県泉村の蝶（上田）h.6
45.宮崎
　　＊椎葉の蝶（椎葉村教育委員会）
　　＊宮崎一チョウの世界（宮崎県総合博物館）93
46.鹿児島
　　＊鹿児島のチョウ（福田晴夫）h.4
　　　鹿児島県の蝶（福田晴夫）s.31
　　　鹿児島県の蝶類
　　　　（福田他・鹿児島昆虫同好会）s.37
47.沖縄
　　＊おきなわ蝶物語（安次嶺肇）h.8
　　＊琉球の蝶（東、湊）s.58
　　＊沖縄チョウとの出合い（東、上杉）s.60
　　＊沖縄の蝶（具志堅）h.11
　　＊琉球列島のチョウたち（大城安弘）h.14

# 都道府県区市町村「昆虫誌」

1. 北海道
   * 北海道昆虫ガイド（北海道新聞社）
   * 新ほっかいどう昆虫記（坂本与市）
   * 札幌昆虫記（札幌教育委員会）
   * 道東の昆虫（釧路新書）
   * オホーツクの昆虫（オホーツク書房）
   * 阿寒の昆虫類（前田一歩園財団
   　　　　　　　　　釧路昆虫同好会）
   * 根室半島の昆虫（釧路昆虫同好会）1999
   * 釧路湿原の昆虫（釧路昆虫同好会）1995
   * 知床の昆虫（斜里町立博物館）2003
   * 北海道の昆虫（田辺秀男北海道新聞社）1979
   * 霧多布湿原の昆虫（釧路昆虫同好会）1993
   * 羊蹄山昆虫記（倶知安郷土研究会）1994
   　　北海道の昆虫・正続（北海道新聞社）
2. 青森
3. 秋田
4. 岩手
   * 岩手昆虫百科（岩手日報社）
5. 山形
   * 山形昆虫記（山形新聞）2003
   * 酒田の昆虫（櫻井俊一.岡部光一）2003
   * 松山町の昆虫（櫻井俊一）2001
   　　吾妻山の昆虫（米沢市立上杉博物館）
6. 宮城
   * 宮城の昆虫（河北新報社）
   * 仙台のこん虫（高橋雄一）1968
7. 福島
   * ふくしまの昆虫（福島中央テレビ）
8. 群馬
   * 群馬の昆虫（上毛新聞社）
9. 栃木
   * 栃木の昆虫（栃の葉書房）
   * 渡良瀬遊水池の昆虫（藤岡町史「自然編」）
10. 茨城
    * 茨城の昆虫（茨城新聞社）1985
    * 茨城県の昆虫（水戸市立博物館）1993
11. 埼玉
    * 狭山丘陵昆虫記
    　　埼玉昆虫誌（埼玉昆虫談話会）1998・99
12. 千葉
13. 東京
    * 日野の昆虫ガイドブック（日野教育委員会）
    * 北区の昆虫（北区教育委員会）
    * 葛飾の昆虫・クモ（葛飾区）
    * 葛飾区内の主な昆虫（葛飾区教育委員会）
    * 多摩の昆虫（東久留米市教育委員会）1980
    * 大田区の昆虫（大田区環境保全課）1997
14. 神奈川
    * 神奈川県昆虫調査報告書
    　　（神奈川県教育委員会）1981
    * 箱根の昆虫（神奈川新聞）
    * 昆虫「かながわの自然図鑑」
    　　（生命の星地球博物館）2000
    * 相模原の昆虫（相模原市立博物館）1996
    * 愛川町の昆虫（愛川町教育委員会）1999
15. 岐阜
16. 静岡
    * 静岡の自然・四季の昆虫（静岡新聞社）1966
17. 新潟
    * 新潟県昆虫図鑑・上（新潟日報事業社）
    * 新潟県昆虫図鑑・下（新潟日報事業社）
    * 上越の昆虫（上越生態研究会）1977
18. 愛知
    * なごやの昆虫（名古屋昆虫館）
    * 豊田の昆虫Ⅲ・猿投山の昆虫1（豊田市）h.1
    * 豊田の昆虫Ⅳ・猿投山の昆虫2（豊田市）h.2
    　　三河湾・島の昆虫（山崎隆弘、浅岡光知）h.5
    　　愛知県の昆虫（昆虫分布研究会）1990・91
19. 長野
    * 信州の昆虫（松本むしの会）
    * 松本市の昆虫（松本市史自然編調査報告書）97
    * 長野県昆虫図鑑・下
    　　（信州昆虫学会・信濃毎日新聞社）1979
    * 長野県昆虫図鑑・上
    　　（信州昆虫学会・信濃毎日新聞社）
    * 伊那谷の昆虫（飯田市美術博物館）1990
20. 富山
21. 山梨
    * すばらしき山梨の虫たち（山梨日日新聞社）
22. 石川
    * 石川県の昆虫（石川むしの会）
    * 白山昆虫誌（富樫一次）1997
    * 石川の自然・昆虫
    　　（石川むしの会・百万石蝶談会）1992
    　　白山の昆虫（北国出版社）
23. 福井
24. 滋賀
25. 京都
    * 京の昆虫たち（京都大学）
    * 京都の昆虫（京都昆虫研究会。京都新聞社）
26. 三重
    * みえ昆虫記（三重昆虫談話会・中日新聞社）
27. 和歌山
28. 奈良
29. 大阪
    * 北摂の昆虫
    　　（大阪昆虫同好会30周年記念出版）1998
    * 大阪街なか昆虫ウオッチング・靭公園の自然
    　　（桂孝次郎他）1994
30. 兵庫

＊ひょうご昆虫ウオッチング（神戸新聞社）
＊伊丹の昆虫（伊丹市昆虫館
　　　　　　　伊丹市立総合教育センター）
＊播磨の昆虫（相坂耕作・のじぎく文庫）1988
31.岡山
　＊岡山の昆虫（山陽新聞社）
　＊岡山の昆虫（倉敷昆虫同好会
　　岡山文庫18）1968
　＊岡山県の昆虫（倉敷昆虫館）1978
32.鳥取
33.島根
　＊山陰の虫たち（近木英哉）1981
34.広島
　広島県昆虫誌1.2.（比婆科学教育振興会）97
35.山口
36.香川
37.愛媛
　＊愛媛の昆虫（愛媛県文化振興財団）1992
38.徳島
39.高知
　＊四万十の昆虫たち（高知新聞）
40.福岡
41.佐賀
42.長崎
43.大分
　＊大分の昆虫（大分の文化と自然探検隊）1994
44.熊本
45.宮崎
46.鹿児島
47.沖縄
　＊沖縄の昆虫類（風土記社）
　＊八重山列島昆虫記（随想舎）高橋敬一2001
　＊南の島の昆虫記（湊和雄）1998
　＊沖縄の昆虫（栗林彗）
　　沖縄昆虫野外観察図鑑（東清二他）全7巻

参考資料

ここに紹介した都道府県区市町村の「蝶類誌昆虫誌」を含め、以下を参考にしました。
＊日本の蝶（主婦と生活社・藤岡知夫）
＊原色日本蝶類幼虫大図鑑Ⅰ・Ⅱ（保育社）
＊原色日本蝶類生態図鑑Ⅰ～Ⅳ（保育社）
＊千葉県動物誌
＊葛飾区周辺自治体資料

多才な人物だったのです。親交のあったダーウインの書簡もあります。

　外に出るとプロバンスの光は眩しく、しかし木陰の風のさわやかなこと。庭を散歩すると今までヨーロッパを訪れたうちでは一番多くの虫の姿を見ることになりました。さすがファーブルの庭です。ヨーロッパで初めてのセミの声も聞き、日本では聞いたこともない「ギーギー」という鳴き声はちょっと耳障りです。フランス人夫妻は先に帰り、私たちもおじいちゃんにタクシーを呼んでもらうことにしました。門口に出て待っているとおじいちゃんも出てきて、タクシーの運転手にオランジュまで送るように伝えてくれました。
　午前中ここを訪れたのは結局私たちとフランス人夫妻の4人だけだったようです。近年生地のサン・レオン村にミクロポリスという昆虫館ができ、多くの人でにぎわっているというニュースも聞きました。新しいものはそれなりに意味はあります。でも私はこの朽ち果てそうな「ファーブルの家」のほうにより強い愛着を覚えました。このままでひっそり残ってほしい、と。

............「あとがき」の後にさらに文面が続くのもおかしな話ですが、「あとがき」は「水元の蝶」について書いたものです。
　長い間虫に興味を持ってきた者として最後に「ファーブルの家」について触れておきたかったのです。ファーブルの家を訪れてその素朴さに静かな感動を覚え、人知れず「我が道」を歩んだその姿、誰に認められなくてもあるがままに生きてきた姿に共感するとき、それは今の私の生き方と重ねることができたのです。
　およそ「水元の蝶」という狭い区域に限定された記録などこの先振り向かれることもないかもしれません。編集前にパソコン事故でデータのすべてを消失し、残されたのはたまたまプリントアウトされていた一枚ずつの紙のみ。そのままの製本は不本意ながら、誤字脱字、写真脱落、調査不足を含めすべてはここまでしかできないからと自身で納得し、一区切りとすることとしました。見ていただける方にはお許しを願うばかりです。
　なお学名は保育社の「原色日本蝶類生態図鑑」（福田晴夫共著）を参考としました。

　不十分な資料から完成に至るまでいろいろご援助をいただいた「昆虫文献六本脚」の川井信矢様、ここまでに仕上げていただいたシナノ印刷様、資料・写真をお借りした自治体同好の皆様には心より感謝申し上げます。

[著者略歴]

森本　峻（もりもと　たかし）

1944：東京都台東区黒門町に生まれる
1945：東京大空襲の後、葛飾区に転居
　〜：小学校時代より虫に興味を持つ
1968：東京都公立中学校に勤務
　〜：地元葛飾をフィールドに興味は
　　　日本全国、海外へ
1992：山での事故により頚随損傷となる
1996：2年間の入院、2年間の自宅療養
　　　の後、職場復帰
2004：定年退職、現在に至る

[著者近影]
電動車いすで撮影散策中の著者

---

## 水元の蝶　ISBN4-902649-01-2

発行日：　2005年3月10日
著　者：　森本　峻
発行者：　川井　信矢
　　　　　昆虫文献　六本脚
　　　　　URL: http://kawamo.co.jp/roppon-ashi/
　　　　　〒103-0023　東京都中央区日本橋本町3-5-11
　　　　　　　共同ビル（本町通り）　川茂㈱内
　　　　　TEL: 03-3279-2671　　FAX: 03-3279-2678
　　　　　URL: http://kawamo.co.jp/roppon-ashi/
　　　　　E-MAIL: roppon-ashi@kawamo.co.jp
印　刷：　株式会社　シナノ
定　価：　2,940円（本体2,800円＋税）